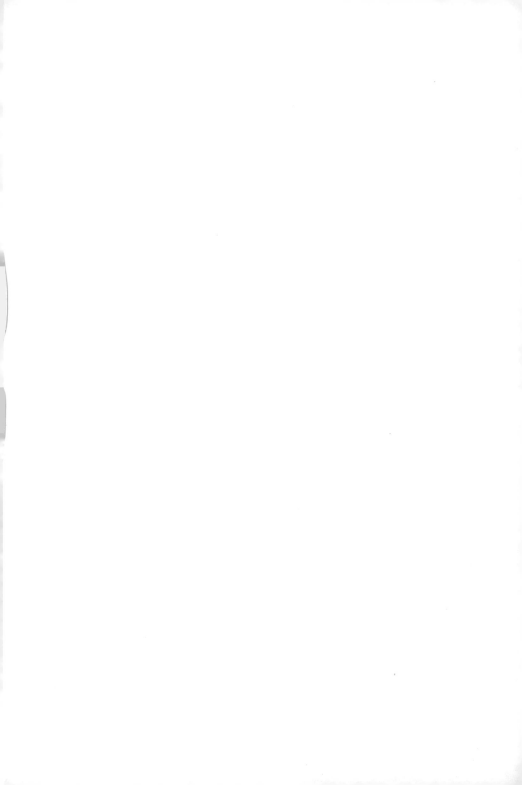

陳其正（醜爸）著

教養不必糾結於最理想方式

放過自己，也放心讓孩子飛的解放之書

—推薦序—

找回父母本來圓滿無缺、該有的真實面目

羅寶鴻

看完醜爸（陳其正）的新書初稿，內心有著深深的感動與欽佩。

我一直以來認為教養專家有兩種：一種是把自己與孩子許多互動真實經驗分享出來，是自己做到的；另一種是把很多教養想法和技巧分享出來，但卻是自己做不到的。

讀完醜爸的書，我才知道原來還有一種：不強調方法也不談論技巧，但直指人心，讓父母看見自己「其實已經是很棒的父母了」。讓父母心安以後，讓教養自然而然從成人、孩子與環境互動中，演化出最適合三方的結果。

醜爸正是這樣的教養專家。心理諮商出身的他，在陪伴許多尋求協助的父母中，用其專業與獨到眼光，窺探出在種種教養問題裡隱藏的真正原因，並非在於大人「技巧不夠熟練」，而在大人「內心不夠安定」。

這個觀點，亦是在我新書《羅寶鴻的安定教養學》有所探討的重點，希望家長能給予自己內在多點覺察與關愛。但我書裡只用了一個章節、大概三萬字來說明；醜爸卻是用整本書、將近七萬字來闡述，當然比我詳細得多。我讀完後，亦有很多學習，心裡更加尊敬這位朋友了。

或許這是因為，醜爸過去一年透過世界展望會邀請，在全台各地舉辦講座，看到許多為了生存的父母，每天都在忙生活，對於孩子的教養經常有心無力，而感到不安；又或許是因為過去多年，醜爸在自己的母成長工作室裡，看到許多父母都盡心盡力、鞠躬盡瘁地教養孩子，但總是覺得自己做得不夠，而感到自責。

無論在哪裡，醜爸都發現很多父母內心似乎有著一種共同的聲音：一種「我覺得自己做得不夠好」的愧疚感。

於是，我這位以「本醜」自居的朋友，利用他內心滿滿的溫柔力量，道出種種讓人暖心的話語，療癒這些父母：

「無論給多給少，都是父母真實的一份愛。即使很小，但透過我們，那份愛可以長大。」

「即使那份愛不完美，但請相信，那肯定夠孩子一生所用。」

「相信自己，已給了夠用的愛與支持，你的光終將在孩子身上閃耀。」

「一份盡力的愛，即使渺小，已讓我們成長茁壯；我們擁有機會，也蘊含潛力，讓這看似不美好的愛，在心裡安然滋養。它夠我們用，夠我們盡力愛孩子、愛家人，無愧於心。」

「請用最大的尊敬與欣賞，接納自己正為孩子做的，我們才能再次親近、滋潤自己。這時再來談教養，便能開啟改變的可能。」

或許，醜爸你以後可以說，「雖然我很醜，可是我內心很溫柔」了，至少我可以為你證明（蓋章）。

很感謝醜爸用柔軟卻具重量、睿智卻又精簡的言語，來幫助天下父母破迷開悟、回頭是岸，找回本來圓滿無缺、父母該有的真實面目。

我在新書中提出「成人內在不安頓，方法再好也枉然」這論點，或許讀者也能在此書中，找到適合你的詮釋與答案。

雖然我透過朋友認識醜爸，在臉書上與醜爸也只有數次連結，但我常感到，我們這群在教養路上共同為家長與孩子努力的大男生們（醜爸、大樹、阿律、崇建、志仲、澤爸、綠豆爸等）其實一點都不陌生，因為我們都能在彼此分享的文字裡，找到惺惺相惜、相逢恨晚之感。

若要教育興，唯有師讚師。志同道合，不亦樂乎？

（本文作者為蒙特梭利親職教育專家）

—推薦序—

原來，教養是一場自由探險

歐陽立中

自從我的女兒piupiu出生了，我和老婆也洗心革面了。

「老公，不要一直看手機，到時小孩有樣學樣。」「老婆，以後我們講話要注意，不然小孩會影響小孩。」「老公，我買了很多繪本和童書，你要唸給她聽。聽說對寶寶語言成長很有幫助。」除此之外，我們也買了很多教養書，因為我們都是第一次當父母，想知道養出好孩子的標準流程是什麼。

但你知道的，教養讓人寬心，也令人焦慮。你看到專家這樣說，點頭如搗蒜；可另一個專家卻那樣說，你不知所措。又或者，你知道該這樣做，但有時沒做到，一股自責和愧疚湧上心頭，開始懷疑自己是不是好父母。

養小孩，就像在玩RPG遊戲，我們的遊戲目標，是渴望孩子長成我們想要的樣子。而教養書就像遊戲攻略本，告訴你幾歲時該怎麼做，才會打開隱藏關卡、獲得神兵利器，往後人生平步青雲。可到頭來，你發現，孩子不是預設好的程式，你輸入什麼就會觸發什麼。你越著急，孩子就越不受控制。

醜爸的《教養不必糾結於最理想方式》，是這時代父母的救贖。醜爸是親子專家，但讓人意外的是，他不把教養寫成攻略本，反而讓教養變成是經典遊戲神作《薩爾達傳說》。在這款遊戲中，玩家擁有絕對的自由在地圖上探索、決定打怪的方式、想像故事的形狀。甚至，玩家流連在這個世界，捨不得破關。

一提到「身教」，做父母的都正襟危坐起來，彷彿它神聖不可侵犯。可我特別喜歡醜爸說的：「身教是有覺知地一起生活。」身教不是要我們扮演成另一個「完美」的人，而是要我們和孩子學習成為「完整」的人。所謂完整的人，就是接受有缺點和弱點的自己。只有相信和接納彼此的不足，我們才能生出成長的勇氣。所以醜爸說：「教養從來不是父母把一個『好』，完整保存後輸入到孩子裡。」這樣做，我們彼此都活得既疲憊，又狼狽。

我看過有些父母，把孩子當作自己的延伸，把所有心力放在孩子身上，覺得孩子應該成龍成鳳，依著他們安排的路前進。一旦孩子沒照做，他們要嘛憤怒、要嘛崩潰。「明明我為孩子做了那麼多，他怎麼能這樣對我！」這句話不斷在他們腦中迴盪，揮之不去。他們越愛孩子，孩子卻彷彿離他們越遠。

醜爸說：「接受自己現在能做什麼，接受孩子的現況，每一次都是新的可能，每個可能都是我們的盡力。」一語道破這種以愛為名的綁架。只有父母把自己照顧好，才不會覺得自己的犧牲，應該換得孩子的順從。

這不是一本教養攻略書，也許你無法得到真正的答案。但這是一本教養解放書，你絕對會得到源源不絕的信心。

是的，當你想得到教養的正確答案，注定焦慮，而焦慮的父母，養不出自信的孩子。

放過自己，一起享受這場教養的《薩爾達傳說》吧！

（本文作者為Super教師、暢銷作家）

教養專家真的都做得到書上寫的？

在公開場合或私下傳訊時，我不只一次直接或客氣地被父母問道：「教養專家，你們真的都做得到書上寫的嗎？」

然而，我從不覺得對方是在找碴，這其實是一個好問題，畢竟賣豬肉的可能最愛吃牛肉，做熱炒的也不是每天嗑炒飯（是吧？）。

我自己也是父母，同樣曾滿懷期待、一試再試教養書傳授的種種神奇魔法，甚至興沖沖地以為找到救命寶典，卻反墜入「究竟是孩子有問題，還是我有毛病？」的無限鬼打牆。

我當然知道，沒有哪一種教養方法適用於每一個人，但是，如果有萬分之一的可能性，這個方法適合我孩子，只是我不會用、用不好，那不就誤他一生，罪該萬死？

這樣的恐懼，也是許多父母災難性思考的開始，以及許多教養文章的靈感來源：各色標題黨「父母不○○XX，孩子就AABB⋯⋯」以致於父母養育孩子獲得的至樂，都不敵那萬分之一的遺漏。我花了很大力氣，承認自己錯誤的期待，從頭做起觀察、對話、等待的苦功，點滴累積和孩子的互動，找到屬於彼此的教養默契。

這段辛苦歷程，因為我也走過，所以當這帶有挑戰意味、好似天下專家一般黑的問題出現時，我感到一陣熟悉感，好像看見眼前發問父母的疲累、迷惘，甚至帶著諷刺的怨念，就像當年的我一樣。

教養專家說得好，但相信你自己更重要

當小孩還處在嬰幼兒時期，教養專家提出的知識與做法，尤其是小兒

科醫生、嬰幼兒發展心理學者的建言，對父母育兒非常受用。但隨著孩子長大，獨特的氣質開始和生長環境奇妙混搭，日漸成形，此時專業第三者的建議應該逐漸退居二線，讓在日常前線與孩子交鋒的你，擔當主要決策者。

教養不是知識的傳遞、技巧的指導，而是以生命對生命、用一筆一畫為彼此刻出形狀。當照顧者無法接觸過去的生命經驗，對自己的人生價值觀沒把握、甚至毫無頭緒時，自然無法掌握眼前那活蹦亂跳、只想逃出爸媽五指山的獨特生物。

「醜爸，說真的，我不知道怎麼教小孩，要我相信自己的力量，我辦不到；我還是相信，只要找到適合的專家，照著他的方法做，一定行得通！」

親愛的，如果你也是這樣，這本書也是為了你寫的。

螢幕背後的專家，是怎麼教小孩的？

如果擁有專業學、經歷，比別人多養育些小孩的奶爸，可以被稱為專家，我期待透過這本書，除了分享理論、成功經驗、教養方法和怪招，也讓你品嘗我的人性及失敗。我跌倒、站起來、又跌倒的地方，離你不遠；我悔恨、舔不好的傷口，你不陌生。「在成為父母之前，沒有人知道如何當個夠好的父母」這句話適合你，和我。如何調整、甚至重建我的想法，包括還未成型、仍在摸索的信念，也都在書中分享呈現。

邀請你透過我的經歷，也探索自己的教養觀、生命觀、價值觀，看看自己是如何成為自己，進而成為父母。

每個人都擁有五味雜陳的人生故事，站在現在的高度，欣賞仍在演奏中的篇章，我們會更有能力看見親子關係的每個面向，在孩子不同階段與狀態，都能盡力陪伴。

在《先知．孩子》裡，詩人紀伯倫把父母比喻成弓：

你好比一把弓，
孩子是從你身上射出的生命之箭。
弓箭手看見無窮路徑上的箭靶，
於是祂大力拉彎你這把弓，希望祂的箭能射得又快又遠。

我們是弓，不是弓箭手，雖然不能決定孩子的人生，但他們能不能飛得又快又遠，取決於我們的狀態。父母請照顧好自己，我們好，孩子會更好。

我的答案

「專家真的都做得到教養書上寫的？」

做不到。

我不能代表每一位所謂的專家，但這是我真實的回覆。因此我不寫教養，而是聚焦在「父母的自我成長」。沒有人可以隔著螢幕、透過幾張紙，告訴你該怎麼教小孩。當爸媽總是要受傷、也肯定會被孩子愛得滿滿的，兩者並存，缺一不可。這條路，即使一拐一拐，都得自己走過去。但我們還是能結伴同行，藍瘦香菇可以取暖，過關升級有人擊掌。

走吧！

目錄

一第一部一

致父母自己：「給孩子愛之前，不忘照顧好自己。」

無論是新手父母還是老手，
每一個孩子都會帶給你不同的生命新課題，還有相似的憂慮與自問：
過去做得好不好？現在夠不夠愛孩子？未來孩子會不會過得比我更好？
相信自己已給了夠用的愛與支持，
你的光終將在孩子身上閃耀。

—第二部—

致你與另一半：「問世間情為何物，直教人為了這個家生死相許。」

關於伴侶，無論另一半是神隊友還是豬隊友，
這個家與孩子，都已從「我」變成「我們」的。

相信每個人在大多數情境下都是盡力的，
行為不會完美，但家人之間會更靠近。

—第三部—

致你與孩子：「你的孩子永遠是你的孩子。」

無論孩子此刻像個天使還是魔鬼，
教養永遠沒有最理想的方式，
相信你的盡力，成為每個當下最完美的父母；
相信孩子能感受到你真誠的存在，你的孩子永遠都是你的孩子，
你們都會好好的。

第一部

致父母自己：

「給孩子愛之前，不忘照顧好自己。」

無論是新手父母還是老手，
每一個孩子都會帶給你不同的生命新課題，還有相似的憂慮與自問：
過去做得好不好？現在夠不夠愛孩子？未來孩子會不會過得比我更好？
相信自己已給了夠用的愛與支持，
你的光終將在孩子身上閃耀。

創造心裡的白噪音

每天睡前，我習慣打開浴室暖氣，發出轟隆轟隆、單調乏味，被稱為「白噪音」的聲音。從我家老大在家的第一天起，這不悅耳的聲音就這樣陪伴著我。

書上說，持續平穩的背景聲可以幫助睡眠，因為親愛的大腦雖然晚上休息，但還是持續接受外在訊息（不然睡一睡，來隻劍齒虎把我叼走怎麼辦），環境中突發的聲音便會引起大腦注意，甚至啟動警戒。想像有人一不小心關門太用力，可愛小貝比發動警戒，家中其他人的大腦也跟著瞬間驚醒，一切嗚呼哀哉。白噪音則有助於降低突發聲響對大腦的刺激，讓小嬰兒處在一個相對安穩的環境裡，一覺好眠。

於是，對聲音敏感、從小討厭白噪音的我，也學著與它共處。

喔不，是靠它得到救贖。

比孩子更需要白噪音的日子

白噪音對孩子的睡眠有沒有幫助，就像孩子發出「ㄅㄚ」的聲音，到底是不是在叫「爸」一樣撲朔迷離。我反而發現，自己對白噪音上了癮。

有次深夜，孩子哭喊不休，我抱著她走遍全家，最後進了浴室，開起暖氣。

好小的身軀，在我身上虐心地哭。有種絕望無力之感，但我還沒真正開始自憐自哀，馬上又有個聲音吐槽自己：「什麼鬼！照顧自己的小孩用『絕望』兩個字，太誇張了吧！」那是我第一次感覺到，會不會其實有一點可能，我從來就不想要孩子。

我跟孩子都在馬桶邊睡著了，我坐在地上，她趴在肩上。悠悠轉醒之際，聽見暖氣的轟隆隆。在單調平乏的聲音裡，覺得放鬆，好像那聲音會保護我，不再聽到任何哭聲，毋須為了找出大哭的原因而焦躁不已，我的孩子好好的，我什麼都聽不到……只有一個聲音，單調無趣的聲音，就好。

讓心靜下來的白噪音

孩子漸大，一加一加一，來到三，除數量與等級上升之外，「奇襲」功力也日增。

半夜大哭已成往事，取而代之的是前一晚還勇士鬥惡龍，第二天腸病毒，全家生活作息大亂；流感個案處理，小事一樁，但五人病過一輪，耗時整月，不知今夕是何年。每天接小孩時，先觀察老師看到你的神情……喔不，應該說接小孩前，都要給自己心理建設，拜託老師不要再跟我「ㄉㄠˊ」（河洛語「告狀」）一樣的事了。

生活就像跳探戈，但為何後退的步伐總比前進多？甚至，有時覺得自己像麥可．傑克森的招牌舞步「月球漫步」，一溜煙地又倒退十幾步。發了狠，使勁用力往前踩，猜發生什麼事？是的，後退得更誇張了。

我想起了白噪音，應該說，我創造了自己內心的白噪音。

也許是種催眠，甚至阿Q精神，當「奇襲空降」時，我的心裡會響起如「OK的，這不是第一次」，或「好，既來之，則安之」「人沒事就好」「錢以後再賺就好」……輕輕地、在心中重複播放。那不是自我安慰，也非無奈嘆息，就像你聽過除濕機、烘碗機發出那樣的聲音，嗡嗡嗡，漸漸地，心就安了。

我們在育兒之路上都經歷許多變化，其中許多是非預期、甚至是被迫接受的。年輕時聽到白噪音會抓狂的我，不但在育兒初期由此得到神救援，甚至還受到啟發，得出心法。

我訝異人莫大的彈性，也體驗到驚慌失措時，活在當下、與自己同在的重要性。

世界在變，也接受每一天不同的自己

前陣子看到不少文章，都在談母親的犧牲、委屈，從小姐變成媽媽的刻苦銘心，有種「身在曹營（＝現在當媽），心在漢（＝以前是小姐）」的怨與願——對現實的怨，與對未來的願。對我而言，這種靈肉分離的心態，卻帶給我更多的煩躁與憤怒。

當我對現在、現實越不能接受，我的心一方面越嚮往過去，好似有孩子之前的一切都單純美妙（當然不是），好加深我現在的愁苦；另一方面急欲衝向未來，好似只要過了這一關，就像戴上無限手套，控制寰宇，好減輕現在的無助。

這一往過去、一往未來的拉扯，只是將自己扯得不成人形、動輒得咎。為了保持人形，這十一年來我學到最寶貴的功課，是接受每一天不同的自己。

成為父母的改變是巨大的，即使有人好意提醒，當初自信滿滿的我們也不會相信。為了孩子而不得不改變時，內心的抗拒、還沒準備好的懊悔，讓我們無法穩步接受已經不同的自己。這十一年來，我學習到每一天都是新的開始，願意對自己曾經執拗的「不可能」，投以好奇。

以前的「不可能」，是整理過後、打包封裝便不想過問的重擔包袱；生了孩子，可X（X是什麼字，請自行填寫）的孩子，充滿好奇心的宇宙繼起之生命，要懂得和他們搏感情，就能少點過去的重擔，多點現在的輕盈。

走過必留下痕跡，痕跡刻劃每段生命

其實，每日疲累不堪的我，一倒頭就睡。我知道孩子都大了，半夜大都睡得安穩，即使真的突然起床，把他們速速趕回去、關進房裡就好（大誤）。我打開白噪音，雖不特別安心，但比紐奧良爵士酒吧的即興演奏更讓我感到同頻。

聽著白噪音，轟隆聲沒有旋律，卻總倏忽帶我回溯這些年來每個奮力爬起、沮喪憔悴的夜晚，演奏出起伏跌宕的那一段生命。

聽著白噪音，我感受到這是現在我和自己相處的狀態之一，接受過去每日的不完美，邁向仍舊不完美的明天，卻感覺到真實刻劃、屬於我們跟孩子的這一段生命，沉沉睡去。

轟隆隆隆隆……

◆**父母厭世語錄**：好懷念過去，孩子讓我失去自己。

◆**醜爸勸世良言**：和現在的自己在一起，從每一天的可能性找到力量。

都要把自己照顧好

「醜爸，你老是說要自我照顧，但你那些薩提爾啊、正念啊、阿哩不答啊，實在不是我的菜。而且沒時間、沒錢的人，怎麼辦？」

老實說，一直薩提爾啊、正念啊、阿哩不答啊，的確不容易。我認識很多父母，他們追蹤許多心理師、心靈成長教室的臉書專頁，就是為了盼到時間、地點可以的課程來照顧自己，但不是天時地利無情，就是速速秒殺無緣。而且，這樣的課程也不是一回生二回熟，三四五六加上私下練習是基本蹲馬步，練成套拳都是用年算的。

雖然我相信上述的投入與堅持是值得的，但所謂自我照顧的核心，不在於做了什麼，而是相信什麼。

「好啊，那你倒是說說，父母該相信什麼？」

讓我們繼續看下去。

三歲失去父親，十九歲進入婚姻的媽媽

我的母親來自客家與閩南結合的家庭，對於與我無緣相見的客家背景外公，媽媽印象最深刻的回憶是和他手牽手，在大街上撿未熄的菸蒂，好飲鴆止渴無法抑制的鴉片癮。

媽媽三歲時，她的爸爸離世，她的媽媽，也就是我的新莊阿嬤（從小，我就被教導有「台北阿嬤」跟「新莊阿嬤」，沒有外婆這回事，畢竟沒有人希望被加上「外」吧），就這樣帶著包含我媽媽在內的五個孩子（還有最小的舅舅已送養），過著「看人臉色」的生活。

就像上一代許多出身貧困家庭的孩子一樣，雖然媽媽小學畢業拿了市

長獎，但家中無力讓她繼續升學。那是民國五十六年，九年國民義務教育施行的前一年。

從我有記憶以來，新莊阿嬤即與暴爺爺住一起。暴爺爺（真的姓「暴」，不是我亂取綽號）來自中國山東，自製水餃跟麵條好吃得不得了！每次回新莊，老人家也總會為我們兩隻小孫子準備冰涼養樂多。母親是家中唯一的女兒，跟新莊阿嬤有非常緊密的關係與牽絆，每次回去，母女都會先到房間聊個老久，欣賞阿嬤最新的「戰利品」。阿嬤過世後，我才發現媽媽跟她是如此相像，努力照顧自己，永遠要美美的樣子。

媽媽十九歲，和父親結縭，在二十歲、二十四歲時，分別生下至今還在折磨她的兩個兒子（謎之音：還敢講）。因為天生麗質，加上穿著年輕新潮，我們兩兄弟高中大學時期的朋友，都以為我媽媽是「姊姊」。她書唸得少，不容易參與我們的學校課業，卻也不曾拿著「讀書至上」的大旗苛求我們（當然分數太離譜而抓狂也是有的）。媽媽費盡心力照顧我們，該有的一樣不少，可以不要有的盡可能滿足，尤其喜歡買新衣服，希望我們看起來帥氣體面（謎之音：是誰叫自己醜爸的）。

雖然走過婚姻低潮，我從未見她停止照顧自己。直到現在，媽媽每天都有慣常的保養程序；日常生活節省，遇見看對眼的新潮「請衩」（河洛話「穿著」的發音）卻從不手軟。為自己的美好付出，每一個行動都是無價。

只要承載對自己的支持，物質不一定帶來空虛

我的母親從未走上所謂的心靈成長之路，甚至看似在物質世界尋求慰藉，但她卻把自己照顧得非常好。她不曾有財務問題，兩個兒子也都在自求多福階段，從她身上，我看見追求物質不該被直觀地視為一種「空虛無意義」的行為，也毋須刻意反對。

「鮘鮘醜爸，我看你是孝順過了頭，不能因為陳媽媽的例子，就幫追求物欲的人平反吧？」

這是個好問題，「追求物欲」和我提到的「透過物質照顧自己」有什麼不同？透過重視人的內在狀態，而非強調表面行為的薩提爾模式，也許我們可以這樣看：

・「追求物欲」的人，帶著低自我價值，相信物質的魔力無遠弗屆，能滿足許多的期待，獲得他人肯定與青睞的眼神。得不到時，便出現指責、不理智等應對姿態，認為別人是忌妒、害怕。但在無法獲得認同、與人連結的情況下，自我沒有力量，行為難有轉化的可能。

・「透過物質照顧自己」的人，有較高的自我價值，相信物質的功能但也保持彈性，會視情境與自己的能力做調整。渴望他人的認同，但不強求，不以過度追求物質取代對等的關係，因此在關係中受挫時，也能運用其他資源找到解決問題的辦法。

一個人比較想在行為層次較勁，還是享受在追求物質條件提升的同時，感受到自己能力的成長？在追求的路上，只顧慮到自己的需求，還是可以在自我、他人與情境中多方考量？如果得不到，有辦法欣賞自己的付出，還是急著揪出戰犯，甚至東山再起？

都要把自己照顧好

這一年，我隨著世界展望會在全台各地舉辦講座，無論題目是如何與孩子溝通、3C使用問題、親子陪伴課題，我找到機會，就邀請在場日日奮力在教養第一線求生存的父母，找找看照顧自己的方法。

我知道運用在都市小康家庭、中產階級的「那一套」，太不貼近他們的日常，但我相信他們擁有自己的資源。我邀請他們相信自己是夠好的父母，就在此時此刻。**當人與自己的內在接觸了，行為層次如何照顧自己，物質也好，心靈也罷，都是有力量的。**

從母親身上，我看見照顧自己的重要；從來自不同地區、社會經濟狀況的家庭，我明瞭自我照顧並非一味強調心靈成長的唱高調。怎麼照顧自己，並非取決於形式，而是能不能在支持自己的過程中，感受到美好。

請用你的方式，即使再忙再累再煩再XX，都要把自己照顧好。

◆**父母厭世語錄：**自我照顧、自我成長那種心靈雞湯的玩意兒，我沒錢沒空，也對我沒用啦！

◆**醜爸勸世良言：**在生活中找到一些方法，可以不需要別人的肯定，單純地覺得自己很好，即使只是無愧疚感地買一瓶想喝的紅酒都行。

不夠好，卻夠用的愛

學諮商的人，可能都聽過這句不怎麼好笑、但經常讓我們會心的話：「學諮商最大的收穫，就是知道要準備一筆錢讓孩子長大後去諮商。」

這句話不是在諷刺任何人，也非宣告諮商無用論。和越多形形色色的人深度交流後，越發現包括我們自己，許多人內心都有過去失落所造成的洞，還沒填上。這個洞，就像憲法賦予的基本人權一樣，不分性別、種族、語言、黨派、宗教，統統有獎。

過去失落所造成的洞，幾乎來自與原生家庭的相處關係，無論你是人生勝利組，還是一起跑就跌倒組。在家庭關係充滿階層與權力不等的台灣家庭——喔不，即使相對權力扁平、強調自主性的歐美家庭，孩子也不免在成長過程中留下許多問號：我夠好嗎？我被重視嗎？我得人喜愛嗎？我值得被肯定嗎？我在這個家是重要的嗎？

整個童年都在企盼父母的答案，但他們給的，也許不是我們所想的，或模糊不清、或帶有條件，遠無法滿足我們需求。

盡力的愛

薩提爾女士相信，「大多數人在任何時候都是盡其所能而為。」這裡的「大多數人」，當然包括我們的父母。這句話比「天下無不是的父母」可接受一點，但仍引來許多問號：「我們身邊就有很多沒有盡力的父母啊！別說那些虐兒的、遺棄的，就說我們自己的父母吧！手足偏心、重男輕女、過度體罰、升學主義、冷漠刻薄、喝酒暴怒、情緒勒索……太多了！對孩子影響深遠，甚至有些還是現在進行式！」

是啊，從孩子的視角，父母是天地，是魔法師，是願意接納一切的大玩偶，孩子相信父母是全能的，什麼都會，什麼都有，還跟山一樣高。然而，父母是人，且終日疲累、身心皆傷，給不了孩子的，就被視為不盡力、不負責。

在孩子眼裡，父母可以多給；但父母也許早已透支用罄。於是「未滿足的期待」出現了：孩子想得到母親的肯定卻落空；想要父親的親密連結從未獲回應；犯錯時換來的責罰，無法阻擋我們對被愛與被肯定的渴望。

我們是孩子，為了生存，為了證明自己值得，以為只有父母，沒有其他選擇，只能更用力跟他們要；然而，為了生存，為了證明自己值得，我們的父母有選擇嗎？他們可以跟誰要？

他們是否擁有足夠的資源及餘力，做出更好的決定？

這份愛，夠用嗎？

透過「親職」，我看見的不是父母愛的濃純香，而是滿足一個孩子的苦辣嗆。原來滿足一個孩子的心理需求，是這樣的難！這一刻以為自己做到了，下一秒他的另一隻腳又踩在你的雷上。

電影《無間道》裡，扮演臥底黑道的劉德華有句經典台詞：「我想做好人。」哪個父母不也一樣想大喊「我想做好媽媽／爸爸」？但究竟要做到什麼程度，在孩子眼中，父母才夠好呢？如果孩子要的，我就是給不了，還能自認是個好爸媽嗎？

在我遇見的父母中，絕大多數都是盡力了，但有些人仍不斷嘗試，把絕大部分的資源和時間都用在孩子身上，好似世上沒有「盡力」二字：所謂「盡力」，就是不把資源與時間用在經營夫妻關係、放鬆休息，和朋友出遊；「盡力」就是把九十分的孩子推上九十五分、甚至滿分的頂峰。

這些朋友，他們的父母可能同樣不知「盡力」為何物，從小扛著滿足父母要求，以著有如攀上世界第一高峰珠穆朗瑪峰般的標準拚命，無論做到流汗流淚，就是不夠好，好還要更好，一定能做到。

另一種朋友，相信父母在他們小時候是不盡力的、偏頗的，甚至失職的，所以他們也負起如馬里亞納海溝般深不見底的壓力，要讓孩子享受到「盡力的愛」。

這兩種愛，在我們的童年都會造成無法挽回的失落，是不夠好的愛。但也許，父母們已經盡力了，即使我們百般不認同。無論認同與否，我們擁有的都是那份真實的、不是我們期待的愛。我們可以選擇的，是不接受，或接受這份真實，即使並不可愛。

你是否願意接受父母當年盡力給出來的，就是他們對你最好的愛？這份愛也許跟他們給其他手足的、跟其他父母給他們小孩的愛，相較之下顯得黯淡卑微，卻是真實存在。

現在，你可以把父母這份盡力的愛放到心中，擺進過去失落造成的洞裡，由你決定這份愛可以發揮什麼樣的影響。是種子在心中長成大樹，結出豐腴的果實？還是漸漸脫水、乾癟，失去原本已所剩無幾的生命力？

親愛的朋友，一份盡力的愛，即使渺小，已讓我們成長茁壯；我們擁有機會，也蘊含潛力，讓這看似不美好的愛，在心裡安然滋養。它夠我們用，夠我們盡力愛孩子、愛家人，無愧於心。

◆父母厭世語錄：我有對失職的父母，從未盡力愛我，現在我要用盡一生的愛，讓我的孩子享受真正美好的親情！

◆醜爸勸世良言：無論父母能給多少，都是真實的一份愛；即使很小，但透過我們，那份愛可以長大。我們也正盡力愛著孩子，即使那份愛也不完美，但請相信，夠他們一生所用。

教養是很私密的事

要讓一位媽媽爆氣的最快捷徑，莫過於在她沒有主動發問下「告訴她怎麼教小孩」。

這無關孩子行為優不優、品行佳不佳，媽媽面相善不善，而是教養其實是一件非常私密的事，無端干預，簡直和入侵民宅一樣嚴重。

「醜爸，蝦咪呀？難道教養跟媽媽的腰圍、爸爸的尺寸一樣私密？你在說什麼啊？」

我們先從教養的標準化說起吧。

請你跟我這樣做

本醜在剛出道時，教養界開始流行「這樣教，孩子〇〇ＸＸ」的書籍與文章，有不少專家甚至提出ＳＯＰ，來告訴父母「這樣做就對了」。

先不論ＳＯＰ的標準作業流程用在教養上適不適當，其背後代表的意義是：

教養難關已攻破，（幾乎）所有眉角無所遁形；
只要肯學，人人都可以把孩子教到一定水準；
既然有操作手冊，又有高低標準，我們應該可以評價父母的好壞了吧？
所以那些社會大眾看不順眼的孩子的老北老木，應該要好好學習這一套才是啊！

目前尚未有人針對「遵照某專家的ＳＯＰ而養出好小孩的成功率」做

調查研究，但持續的標準化教養，把教養視為一種「科學」，可以清楚地分析、歸納、試驗，甚至推論、預測孩子及父母行為的風氣，未曾停歇。既然已有這麼多專家撰文宣導，教養書籍琳瑯滿目，應該「有心」就可以把小孩教好吧？那些無法完成教養標準動作的父母，難道不夠上道？即使各家各派SOP「傳便便」（河洛話「準備好」）在那兒，教小孩還可以唉聲嘆氣，還會教到讓人看不下去，真是養不教，父之過？

教養是家庭文化的傳承，個人意志的延伸

和越多父母深談，我越覺得教養無法科學化、標準化。或者說，每位父母的每個舉動，背後都有其獨特的意義與動機。

例如一位母親在捷運上要求孩子保持安靜，在我們眼裡只是一理所當然、微不足道的行為，但卻可能來自於母親對孩子很高的期待；這期待來自母親對家庭規條的傳承，對外人評價的重視。她的心裡充滿焦慮，雖然

熟記處理孩子情緒崩潰的ＳＯＰ，但當孩子真的情緒崩潰時，她首先要面對的是自己心裡「我從小這麼聽話乖巧，怎麼會有你這種孩子」的無聲譴責。

也因此，當一位父親推孩子一把，我們即單純相信，這只是因為一時情緒失控，該給予情緒管理的ＳＯＰ？一位母親要求孩子再練十分鐘鋼琴，我們搖搖頭，請她別太過吹毛求疵，並奉上如何陪伴孩子學才藝的ＳＯＰ？我們希望父親去聽講座，母親不要逼孩子那麼緊，給孩子一點自主學習的空間，即是教養問題的解藥？

就以我自己為例吧，每當我們家三個孩子開始為了無意義的事爭吵時，我內心的火山早已爆發，濃煙塞滿胸口，只覺得自己快要窒息暴斃。難道學了心理諮商、還出了本教養書的我，會不知道有任何ＳＯＰ可用?!剛好相反，我的腦海裡不但有ＳＯＰ，而且多樣套路任君挑選。

首先，可以先檢查自己的「錯誤想法」：哎呀！孩子的世界跟我們不一樣，我覺得無意義的事情，對他們的情感交流認知發展人際關係，可是重要得不得了！

或者，從「感受」切入吧！孩子現在是否覺得孤單、不受重視？當大家都在說話時，很難接收到足夠的注意力，感到孤單、失落？先關照孩子的感受，他們會慢慢安靜下來。

還有還有，先請他們到各自的角落冷靜，照顧自己的需求，而不是照顧者又氣又急，想幫他們解決問題而弄巧成拙！

以上這些都只是第一式，接下去還有很多步驟，洋洋灑灑，坊間教養書說得比我精采多了。

但很多「摸門特」（英文「moment」，時刻之意），我不會快速跑起SOP、展現教養第一式，反而是在一旁抓頭、沉重地呼吸，盡量讓自己不發作。

不想發作，不是因為我有崇高的信念，也不是信奉什麼大師、大哥、大腕，所以功力深厚，而是深深的無力感與疲累感。

從老大出生至今也十一年了，雖然孩子一直在成長、也漸漸獨立，但每當我感覺到「又來了」的想法竄出時，思緒很快蔓延，焦慮著將要減少的工作時間、面對孩子不同的感受要花費的精力，我好想訴諸「權威」，速戰速決……

也許我會選擇先大罵孩子閉嘴，好讓心境可以回到安穩，從安穩中看見真誠、有愛的方式，與對待孩子的可能。我知道有人可以好棒棒，幾個呼吸就進入安然自在，有人一轉念就能溫和堅定，但我不行。我知道我很努力，但還是不行。

「醜爸，你不嚮往他們的境界嗎？不覺得要像他們一樣，才是真正的愛孩子？」

老實說，當我更深地接觸自己時，還真不嚮往那些出神入化的教養高手。當我陪伴自己，我知道生命在這個時刻有其獨特的美。如果我的美，不在於成為一個他人眼中一百分的父親呢？難道這就代表，我愧對自己的生命，只因為我不是他人眼中、甚至不是我孩子眼中一百分的父親？

學習專業，也聆聽自己

每次看似平凡的教養決定，即使只是在捷運上叫孩子安靜坐好，都是來自數十年生命的歡笑與跌撞的積累。我們是用生命在教孩子，即使看起來不怎麼專業、不太討喜，甚至凶狠程度好似連續劇裡的後母繼父；也許在旁人眼中是莽撞、是失控，但在我們心裡，請相信自己已經盡力。

我們當然要學習專業，SOP也是教養專家盡心盡力的精采呈現，但這些方法、觀念，需要走在我們獨特的生命脈絡裡。請用最大的尊敬與欣賞，接納自己正為孩子做的，我們才能再次親近、滋潤自己，這時再來談教養，便能開啟改變的可能。

・看著在我懷中哭鬧不止的孩子，好想巴他的頭。我不是壞母親，甚至已經奉獻一切、委曲求全。玩具沒用、手機傷眼，我可以先下車，在站裡推孩子走走，但我不想遲到，不想跟人陪笑道歉。我好難過，為什麼我的孩子不能像別的孩子一樣安靜坐好？

・如果這一天，我們就是不夠好的一對母子呢？放下我的規條，遲到一次……還是，威脅他再哭，就不能吃冰；如果不哭，在媽媽腳上玩玩具，下車就可以吃冰？是啊，這就是我現在能做的，我知道有更好的方法，但讓我休息一下，下次再試試吧！

教養是件私密的事，因為來自於我們最獨特的生命。從真誠認識自己生命中的不同面向開始，把自己放在最貼近現實、最能運用現行資源的位置，踏實感能引領我們接觸內在力量，而非關注目前無法做到的高遠理想。不忘欣賞每一天的努力，犯錯（例如任何疑似家暴的行為）時可以立即求助，穩定自己。

帶著被尊重、被聆聽的自己踏出去，每一步都是最合適的教養SOP。

◆父母厭世語錄：為什麼我做不到專家說的？因為我就是不夠好的父母？

◆醜爸勸世良言：接受自己現在能做什麼，接受孩子的現況，每一次都是新的可能，每個可能都是我們的盡力。

我怕孩子跟我一樣

有次在講座後段的問與答時間，有位媽媽對於我的回答沒有不滿，卻仍不斷追問，絲毫沒有放鬆、解惑的感覺。

我遇過有些人會很投入地把公共問答時段當成他的免付費諮詢時間，但這位媽媽不像。與其說充滿疑惑，她讓我覺得她有許多的害怕與焦慮。

我決定直接與她核對：「媽媽，我覺得我的回答沒有讓妳感到比較放心，方便告訴我妳在擔心什麼嗎？」

「我怕孩子跟我一樣。」

用盡一切辦法，不要讓孩子跟我一樣

我感到一陣酸楚，母親殷殷期盼孩子成長發光，這美好理想背後的最大威脅，竟然是自己。

「妳不想要孩子跟妳一樣，所以妳想學很多方法，讓孩子不要跟妳一樣，是嗎？」

點頭。

「可是我剛剛講的東西，裡頭有一大部分是原生家庭的影響，讓妳覺得學那麼多，也沒什麼用？」

沒點頭，眼眶泛紅。

母親在週六不休息、不放鬆，來聽所謂的專家嘰哩呱啦，是因為她覺得自己是孩子成長最大的威脅，她要想盡一切、用罄辦法，不要讓孩子跟她一樣。

聊到這裡，其實我很想哭，有種很苦的感覺在心裡：「X，為什麼養個孩子要這麼苦？要養到否定自己?!」

不只是針對那位母親的喟嘆，而是這幾年陪伴許多父母下來，累積對自己、對妻子，對許多父母，說不出的不捨：我們只想好好當爸、當媽，怎麼變成要搞定長輩、小孩、自己，還加上一個什麼鬼的內在小孩？

我不打算、也不應該在大庭廣眾、在對方沒有充分準備之下，與她進行深度的心理探索。整理一下自己，我說：

「要孩子不像我們，不太可能，不然身教就沒意思了。就是因為這樣，我們才辦講座，你們才來聽，因為想讓自己有所不同，可以帶給孩子更多正能量。妳願意來，我就看見妳是很棒、很多愛的母親，這對孩子是最重要的。我相信妳是位好母親，孩子像妳一樣不會有任何問題，我也邀請妳相信自己，好嗎？」

我看了她一會兒，接著進入下一道問答。

我也覺得自己很糟，怕孩子跟我一樣

「醜爸，你都不會覺得自己做得很糟，擔心孩子從你身上學到不好的東西嗎？」

當然會擔心。

每當墜入育兒迷霧時，我咒罵自己：「陳其正，你真是個廢物！學這麼多，還開課！怎麼有臉對孩子講出這種話？嘴巴就不能閉上嗎？」對於挫敗的自己，沒有任何憐憫，無法接受自己當下真實的感受，畢竟，誰不想總是感到有力量、覺得一切都在掌控之中？

冷靜後，我會看看那個罵自己廢物的自己，發生什麼事了？

啊……我駝著背，看起來很累的樣子，握緊的拳頭，對自己很失望吧？嘴裡唸唸有詞，是放不下，還是在想辦法？是什麼樣的挫折如此沉重，壓得自己直不起腰來？

是每次挫敗時，零時差浮現的熟悉聲音，讓我垂頭喪氣：「你這麼糟，要怎麼教小孩？」「身教啊！孩子以後像你這樣，都是你的錯！」

每當聽見內心的譴責之聲，我就覺得難過，那是一種控訴，甚至審判。但在被控訴的同時，我也知道，法庭總有另一方的聲音，我想聽聽看。誰會是另一方的聲音？應該是孩子，始終支持、愛著父母的孩子。

如果孩子看到那個自責的我，會有何行動？我想，他會靠近，真誠地看著我——

孩子：「爸爸，你怎麼在哭？」

爸爸：「我覺得自己很廢。」

孩子：「可是你什麼都會啊。」

爸爸：「謝謝，但是我每次都說不兇你們，卻都做不到。」

孩子：「那是因為我們做錯事啊！」

爸爸：「不不，做錯事也不能就兇別人，那是錯的。」

孩子：「那下次不要做就好啦！你每次不都說，做錯事沒關係，承認就好，不會被處罰，爸爸媽媽也都很愛你。」

是啊！這是我平時會跟孩子說的，是身為父親的我的信念：做錯事不需要懲罰，要承認、找方法，需要的話開口找人幫忙。

懲罰自己會換來孩子更多的愛、服從與信任嗎？萬萬不會！懲罰只會讓我更想要控制孩子，因為我不想再犯錯，但這個害怕引起的控制，卻造成我跟孩子更大的衝突，而衝突激化了情緒，越演越烈……

既然如此，我為什麼要懲罰自己？我的學習告訴我，那是「過去的慣性」。過去做錯就會被批評、被貶低，即使我長大了，但大腦、身體仍在負面情緒來襲時，慣性地指導我要「覺得自己很糟」。

「我可以不要那麼糟嗎？」可以的！我以長大後的自己建立起的信念（犯錯不須懲罰自己，找到方法解決最重要）來替代我的慣性（我又做錯了，我很廢）。

從身體開始，我慢慢挺直背──嗯，覺得比較有力量，呼吸也更順暢、深沉。握緊的拳頭，漸漸鬆開，可以彼此交握，也能伸手緊擁孩子。喋喋不休的自責，也可以是自我肯定的語句：今天搞砸，明天和好，一起來想辦法！

嗯，明天可以跟孩子和好，因為我先跟自己練習了一回。

父母一定有做不好的時候

也許，這世界根本就沒有夠好的父母，或者，每個人都是超級好棒棒爸媽。可以當下覺得自己是坨屎，下一秒自豪原來我是出淤泥而不染。

把焦點放在「好不好」是過去威權教育的影響，我們總是心心念念要完成外在目標、滿足父母老師老闆的期望。當陪伴孩子，頭腦卻充滿「目標」時，我們容易心神不寧、動輒得咎，缺乏彈性，而孩子最愛的想像力，更被我們視為洪水猛獸。

我們一定有不好的時候，但，親愛的，你是否害怕面對真實的、不好的自己？

逃避面對，換來的是拚命要找到更好的方法，把孩子「教好」，卻傷害了關係；破碎的關係，產生自責，繼續努力「變好」、加強控制……要打破這個循環，從停止懲罰自己開始。

孩子像你，可以是件幸福的事

有多少人跟我一樣，在孩子仍在襁褓時，會從最頂端的頭髮（如果有的話），一路看到腳趾，來來回回掃描，心裡很甜，但嘴巴不說？那是我們的孩子，經我們而生，沒有人可以像我們一樣懂得欣賞他們的美、好、真，因為他們的每一部分都是我們的寶，緊緊嵌在心坎裡。

你可以相信任何你想相信的，但這一刻，邀請你一起相信：

孩子像我，是件很幸福的事。

◆父母厭世語錄：我不夠好，不想要孩子像我一樣！

◆醜爸勸世良言：我面對我的做不好，停止懲罰自己，享受身為父母的幸福！

放下內在父母的嚴苛期望

對父母而言，育兒上最過不去的一關，可能是自己。

對於來詢問我教養問題的父母，我會先理解一個家庭的組成，主要照顧者各自的成長歷史與對家庭的期待後，邀請他們先看重目前每個人的付出，再來思索有什麼真是需要調整的。具體的教養方式，不是我關注的重點，教養行為背後的那些人，才需要被注視。

好多人帶著疲憊痛悔的心，像是終於可以告解一樣，承認教養路上的失敗與無助。

有人懷抱理想參加共學團體，卻屢遭挫折，質疑自己始終達不到目標，無法像其他父母一樣充滿熱情參與每場活動，記錄生活中的反省與感動。明明覺得不認同、不適合，卻告訴自己：「他們揭櫫的理想才是正確的，我一定、而且應該要做到。」但「做不到」，像春夏佈滿窗戶的荔枝椿象蟲卵，看了讓人頭皮發麻，卻無法逃避。

「醜爸，我是不是其實不夠愛孩子？」

雖然沒有從椅子上跌下來，我仍訝異父母在未達成「給孩子最好的」目標時，把手指重重比向自己。

還有人擔憂，自己用心用力，學習在尊重的氛圍下引導孩子認識世界，但身邊其他重要大人，打罵嚇唬樣樣都來，孩子哭喊也無動於衷，越哭心越硬。一句「孩子沒有像你那樣教的」讓人無言以對。好好教孩子的，還要幫亂搞一通的人擦屁股、收爛攤，告訴孩子：「○○不是討厭你，他也是為你好，只是比較兇而已。」

「醜爸，我該怎麼改變他們？不然孩子以後怎麼辦?!」

嚴苛的內在父母

我始終不願意把教養當成課程或是一套理論「教」給任何人，因為教養是由環境，以及環境中的每個人來定義。

如同賴佩霞老師在 **TED Talks** 的精采演說《找一條回家的路》中，舉的警察與小偷例子：一個警察世家如果出了一個小偷，我們會覺得小偷是叛徒，因為他背叛了家人；但反過來，一個小偷家庭裡出了個警察，那麼誰是叛徒？

因為每個家都不同，我相信先從雙方家庭文化中探詢教養可能的樣貌，再慢慢添加時代獨特的味道。我們現在卻是相反的，舉著「正確／優良／最新／科學根據」的教養大旗，盼望所到之處人人風行草偃，皆服膺在腳下。遇到抵抗，隨即指責；對方也不是省油的燈，立刻指責回來，手指頭還比我們粗勇。當對方不願意改變，我們反倒自責了起來：是什麼原因，我帶來的好東西被嫌棄？

為了成為好的、值得被肯定的父母，我們捨棄舊習，全心全意擁抱符合最新教養潮流的做法。氣到快喘不過時，仍告訴自己要好好講話；孩子教了一百遍，仍一犯再犯，厭世感油然而生；為了營造「適合的」成長環境，家具擺設為孩子精心打造，沒有任何角落不被孩子的物品堆好擺滿。

看似一個全新選擇，為了下一代美好的未來，就算偶有失誤，也無可厚非。我卻看見父母像是從這個坑，跳進另一個洞，無法因為自己的選擇而喜樂滿足，若沒有達到高標準，無論做什麼、怎麼做，都難逃失敗的命運。

我們無法肯定自己，就像把從未肯定過我們的父母內化到心裡，無論跳進哪個洞裡都盯著我們，檢視著一舉一動。已經做得很好了，卻還是不禁懷疑：真的嗎？別人都怎麼做？可以再更好嗎？好像承認已經盡力是最爛的藉口，接受現況是一生無法抹滅的羞恥，無止境地忙著找辦法改進，才能證明自己存在的價值。

親愛的，這些話是誰說的？是你的父親、母親，還是某位撫養你的長輩？這些話仍影響著你？這些話一字一句都是真的嗎？有沒有可能，我們想起這些話時，感覺好像回到小時候那個沒有力量的自己？然而，實際上我們已經長大了，有能力決定這些話可以如何影響我們。

我們可以用自己的話，慢慢地，替代過去深埋在心裡的酸言刺語：

我承認已經盡力，即使結果不完美，但我不想把更多力氣花在那一點不完美上，我要用來滿足自己的需求。

我接受現況，伴侶、長輩在我眼中都不夠好，但他們仍是孩子的親人，且在別人眼中有許多優點長處。

我願意放下無止境的找辦法改進，放下用焦慮感來欺騙自己。我可以不用一直忙碌，我可以接納現在自己的任何模樣。

用長大的、溫柔的、有力量的聲音，取代小時候聽到的那些充滿期待、壓力、批評的小時候聽到的聲音時，你會怎麼說？

現在跨出的一小步，是孩子的一大步

「醜爸，所以你覺得我們現在這樣做不好？」

不，只要不觸碰極端侵害孩童權益的行為，我欣賞你們的不打不罵，也理解看到一百分考卷即破涕為笑的父母。你們都是盡力的，用自己的資源愛著孩子。只是有時想跨那好大一步，好難好苦的一步，卻每跨一次，就跌進自責的坑洞裡，換來的並非停頓整理，反而是更堅定、不顧一切的再來一次。

跳過去了，誠摯恭喜你！做不到的，我們可以只是跨出一小步，這都會是孩子的一大步。

我們的父母未嘗沒有改變祖父母的教養方式，即使只是一點漣漪，也在我們身上激起浪潮。不是他們多棒多厲害——他們在修復自己承受的傷害上所花的力氣與時間，不見得少於我們現在的付出——而是改變需要世代的力量。經濟結構、民主制度、公民意識……每個「大」環境的或左或右，都和每位父母的一小步交互作用，形成孩子在他們世代的一大步。

世代的翻轉需要用信心等待，同時我們也要翻轉自己，有能力享受不會完美的教養、有缺陷的婚姻，和我們總是在縫補心靈與之和好。

不體罰孩子、每天晚上的親子閱讀時間、一月一次的露營過夜、每晚同桌共餐、讓孩子有選擇的機會、願意聽孩子罵髒話或抱怨老師……這些一小步，夠孩子為自己的人生好好打一仗；我們自己的那一仗，也要一起來面對。

孩子，父母，都會好好的。

◆父母厭世語錄：為什麼別人做得到？過去的方式是錯的，但我也做不到最新、最優質的教養。是哪裡出問題？還是我需要改變更多的人來配合我？

◆醜爸勸世良言：教養來自不同家庭的文化，理解並接納現有的文化（來自於主要照顧者的原生家庭）後，帶著尊重，我們開始加進自己獨有的味道。無論加進多少，我們都盡力為孩子做了很多，請肯定自己吧！

你的光將在孩子身上閃耀

我的父母跟大部分的台北人父母一樣，不在台北出生長大，沒有顯赫家世，書讀得也少。年輕時為了生存，做過很多工、吃了無數苦。有了孩子後，把一切都用在「栽培」上，希望孩子「不要跟他們一樣」，最好有機會出國比賽，光榮返家。

我們何嘗不是？期待孩子和我們有所不同，發出在我們身上從未顯露的光芒。

我的老北

父親是雲林人，五個孩子中的老大，以及唯一的男孩。我阿公是整個家族的長子，我爸就成為名副其實的「長孫」。但這位長孫大人不愛念書，熱中耍帥，高職念沒一半，就因為太「囂張」，有人糾眾二十多人放學後在校門口「給他點顏色瞧瞧」，時任學校護士的姨婆聽聞風聲，趕緊通報阿公，到校把人拎回家。阿公大概也看破這孩子無心讀書，強逼傷神，就讓他包袱款款，北上到一位阿姨開的洗衣店當學徒。

就這樣，我爸什麼都學、什麼都嘗試過，鍾情美國文化，學做西餐，自學吉他、爵士鋼琴，還在電影裡軋一角……但他的工作中，我印象最深刻的卻是「那卡西」（同年代的人知道孔鏘，就知道我在說什麼，不同年代的朋友請Google）。

無論是在所謂的酒家還是夜總會擔任琴師、那卡西，在台灣經濟起飛的年代，晚出早歸的他收入算不錯的。但也許是工作場域的汙名化，及對自己學經歷的自我貶抑，他總是要求我們兩兄弟在父親職業欄上填寫「自由業」。

這個在現代看起來不偷不搶、自力更生、不靠爸的非媽寶優秀青年，在我們成長過程中卻堅信「唯有讀書高」。他想盡辦法讓我們相信，讀書別人才會尊敬你，社會地位就高，要什麼有什麼，不須仰人鼻息。

貫穿兩兄弟的成長過程，我的父親始終堅持，要我們成為他無法成為的那種人。

一個非典型父親

我的父親從小就告訴我人要有大志、要賺大錢、要像個真正的男人。他從來不想要我和他一樣，但我卻變成了他，而且是繼承那些當時不值得大書特書，甚至被批評、說閒話的部分。沒想到在他兒子當爸爸的世代，卻成為難能可貴的特質亮點。

從二〇〇八年我家老大出生迄今，我幾乎不曾間斷地每日為家人準備一到三餐，就像父親在我童年期間的每一頓從買菜、清洗、烹煮到收拾的佳餚。論廚藝，我真是差得太遠了，甚至，跟曾在餐廳學藝的他相比，我真是不熱中烹飪。但他對新鮮食材的堅持、洗菜的龜毛、每餐健康營養的強調，無一不深刻影響我的煮父生涯。

爸爸還常和孩子一起玩騎馬打仗、摔角、追逐跑跳這些需要合作、衝撞、溝通的遊戲，這是我在講座經常提醒父母要和孩子一起進行的親子活動。我不是提倡這些活動的第一人，甚至國內外有許多研究早已苦口婆心，但我卻是從爸爸身上學到的。他不只共玩，也帶我們到學校打球、運動，是我同學眼中的「非典型爸爸」。

也許是天生情感豐富，我的父親從小就會跟我們說「愛」；家裡也充滿音樂，並非台語歌曲或古典樂，而是西洋傳奇 Michael Jackson、Wham! 合唱團、Stevie Wonder、Tina Turner 等人的歌聲。在家也不時聽到他為了工作練習洪榮宏、楊烈、費玉清、童安格的歌，還要帶點原唱者的腔調。

而父親最厲害的，是當我發脾氣把自己鎖在房間裡時，會柔聲在房門外安撫、勸我長達一、二十分鐘，即使我在房內任性不理、哭天搶地。在阿嬤眼中，他這根本是被孩子騎在頭上的溺愛行為，卻成為我現在和孩子相處時的重要資產。

操持家務、陪孩子玩、表達情感、包容情緒，這不就是現代好爸爸最重要的其中幾個元素嗎？在他身教的影響下，雖然這些沒有一樣是他要求我學習、練習的，也不是他在酒足飯飽可以跟人誇耀的行為，卻在幾十年後的今天，成為我在社會中被認可的關鍵。

你的光將在孩子身上閃耀

在我的諮詢、講師生涯裡，遇見許多努力要孩子往一條理想之路邁進的父母。這沒有什麼不對，只是父母眼中的「理想」，被他們的自我否定給限制住了：父母擔心孩子模仿、甚至承襲他們「那些不怎麼樣」的興趣與行為，或因孩子會模仿伴侶某些他看不順眼的行為，而影響婚姻關係。

但問題是：

孩子對我們的模仿有選擇性嗎？

孩子從我們身上模仿來的「優點」，在他身上仍會是優點，模仿來的「缺點」，仍會是缺點嗎？

所謂的缺點，就算在幾十年前是缺點，現在還是嗎？就算現在是，二十年後還會是嗎？

或者，缺點從來不是缺點呢？

若願意解開自己身上的封印，我們也將有能力欣賞孩子的每個面向。在貼上負面標籤之前，問問自己：過去的不愉快成長經驗，是否影響判斷孩子的行為與人格特質？當孩子在展現某些特質與才華時，我們是否會因為過去經驗的影響，而認為「不重要」「沒價值」？

詩人紀伯倫在《先知》的〈孩子〉一篇中訴說：

你好比一把弓，孩子是從你身上射出的生命之箭。
弓箭手看見無窮路徑上的箭靶，
於是祂大力拉彎你這把弓，希望祂的箭能射得又快又遠。
欣然屈服在神的手中吧，因為祂既愛那疾飛的箭，也愛那穩定的弓。

父母不是生命本身，也不是上帝，我們的任務並非在於判斷孩子的優劣好壞，毋須忙著為孩子指出一條「正確」的道路。反之，我們相信自己是穩定、強壯，可以被生命使用的「那把弓」，當生命把孩子這支獨一無二、鋒利無比的箭，搭上父母的我們這把弓時，孩子感到完全的安心，體驗到無條件的支持。

「咻」的一聲，往最終屬於他的箭靶飛去。

弓，不需要汲汲營營成為更好的弓，當我們成為孩子父母的那一刻，我們就是最完美的父母。相信自己，你的光將會在孩子身上閃耀，用屬於他自己的方式。

最後感謝我的父母，他們每一天盡力地過日子，就是我生命中最重要的養分。

◆**父母厭世語錄：**孩子表現不夠好，各項指標都落後，未來岌岌可危。

◆**醜爸勸世良言：**孩子有其自身標的，或快或慢，有我這老母／老父的支持，終會飛向終點。

第二部

致你與另一半：

「問世間情為何物，直教人為了這個家生死相許。」

關於伴侶，無論另一半是神隊友還是豬隊友，
這個家與孩子，都已從「我」變成「我們」的。
相信每個人在大多數情境下都是盡力的，
行為不會完美，但家人之間會更靠近。

接納是改變的開始，還是改變了才能接納？

「你就不能好好說話嗎?!」

麗芬和國緯夫妻倆育有小六男孩與小二女孩。國緯最近常對兒子破口大罵，有幾次甚至氣到舉起手作勢要打人（伴隨兒子眼眶帶淚、瑟縮後退），一整個罵在兒身，痛在爹心。

麗芬知道老公在氣頭上，這時插手準沒好事，但孰不可忍時，還是爆出一句：「你就不能好好說話嗎？」但總換來國緯超越人類極限的破音怒吼：「他X的，妳會教，妳來教啊！」隨即奪門而出。

麗芬理解國緯對兒子的愛和高期待，也能同理國緯從小在軍人公公的威權統治下，非常無法接受小孩的隨興散漫，但越來越嚴重的暴力語言，必須馬上制止，否則孩子的自信和天真將大受打擊。

國緯回家後，麗芬煮了咖啡。知道太太不會放過他，國緯悻悻然坐下，把玩著鑰匙，從杯中的黑水，他看不見內心的波瀾。

麗：「你還好嗎？我不是說過，別對孩子這麼大聲？我知道你是為他好，但他還小，多給他一些時間去執行你的命令。」

國：「大聲？跟我爸比，我算是客氣了；他還小？我二年級就帶弟弟妹妹上學、吃中餐，再帶回家，盯他們寫完作業，他都六年級了，哪裡小？」

麗：「好好好，我們不跟你爸比、不跟你小時候比。你兒子是你兒子，就不能依著他的個性教他嗎？」

國：「我有啊！開罵之前，我一而再、再而三提醒他，他有當一回事嗎？他那什麼態度?!」

麗：「我當然知道你有先提醒他，可是……」

國：「不用說了！反正我只會罵人，不罵就不會教。下次我要罵他的時候就忍著，請妳來教！」

國緯語畢起身。咖啡平靜無漪，黑水下的波瀾，卻陣陣侵蝕兩人的親密關係。

要做到不生氣，真的好難！

從國緯奪門而出開始，我們換個版本：

麗芬理解國緯對兒子的愛和高期待，也能同理國緯從小在軍人公公的威權統治下，非常無法接受小孩的隨興散漫，但越來越嚴重的暴力語言，透露出他對自己情緒的無奈與無助。麗芬知道先生跟孩子的連結仍是正向互動居多，國緯何嘗沒有努力控制自己？就是控制不了才暴走啊，因此更多的「要求他不要罵孩子」，只是換來更深的無力感。現在當務之急，反而是讓國緯知道，大人跟孩子都會做不好，她懂，也願意陪伴。

國緯回家後，麗芬不急著談，因為她知道先生心裡也很苦，他要的是陪伴，不是專案檢討報告。

第二天晚上，孩子都睡了，麗芬折著衣服，嘆口氣：「今天兩隻都是天使模式，大概昨天魔鬼太久，今天物極必反！」

國緯接著說：「好日子不多，慢慢回味吧！」

見國緯的心情是放鬆的，她轉頭看著他，開啟對話。

麗：「昨天我跟你一樣都氣壞了，要不對孩子生氣，真的好難！」

國：「是啊，那妳還兇我幹嘛？」

麗：「我跟你一樣氣到不知如何是好，那種時候真的很容易失控。」

國：「唉，我是誇張了點，但哪有小孩像他那樣的。」

麗：「真的不好教。個性是兩面刃，有時看他輕鬆自在挺好的，但該緊張的時候還滿不在乎，有夠機車！」

國：「對啊，搞不懂他，好聲好氣講都沒用，一定要等人發飆！」

麗：「感覺他好像還小二、小三似的。」

國：「現在小孩太好命！我小二時比他現在成熟一百倍！」

麗：「哈，我們養了個『巨嬰』的感覺。對巨嬰用罵的可能更糟，也許下次試著用哄的？」

國：「交給妳哄，我做不到。」

麗：「也只能試試囉。」

接納是改變的開始，還是改變了才能接納？

無論學派，每位大師談到「自我接納」時，幾乎皆強調「當下、馬上」，只要願意就能接納自己。但許多人大感困惑：

「當下馬上就能接納？但不夠好怎麼接納？不是應該先變好才接納？」

在這裡，「接納」指的是接受、承認身而為人的價值，因為這個價值，個體不需要做更多來得到任何人的愛與尊重。當我們說「自我接納」

時，即是相信無論行為如何糟糕，我們都是值得被愛、被尊重的。但我們溝通時，人與人會在表面的應對姿態卡住，當對方指著我們鼻子，或光說道理、不願傾聽，很容易感受不到對方的接納，我們的姿態也就隨之僵化。

回頭看上述同個例子的兩種呈現，第一部分的麗芬，因為擔心孩子內心受創，雖然知道先生有苦衷，有過去的黑歷史，卻仍急著指出錯誤、要求改變，不要再罵孩子。先生當然知道自己的語言暴力是錯的，他也不想這樣做，但「知錯卻無力改變」擊潰了他，而妻子完全沒有注意到這一點。感覺不到妻子的接納，內心的酸楚無處可去，便化為憤怒回擊，好父親的無助感繼續沉澱心底。

被無力感充滿的心，改變談何容易？

第二部分的麗芬並不急著解決問題，畢竟在衝突裡沒有絕對的對錯，先生也不是必然的加害者。換個角度想，他也被「自己對自己的期待」深深困擾。如果持續聚焦在「行為的對錯」上，無助的他只會更用力反擊，越想撐出父親的尊嚴。

若麗芬靠近一點他的無力感，擁抱無力感的真實與威脅，就像上述「昨天我跟你一樣都氣壞了，要不對孩子生氣真的好難」，國緯發現可以不須再為自己辯護，感到被接納，便能安心感受自己究竟想要什麼。

接納帶來靠近，靠近開啟對話，國緯感覺到妻子的溫度，指責的手可以暫時放下。他毋須偽裝成不會犯錯的樣子，也可以和妻子抱怨教養的困難，下次即將劍拔弩張時，兩夫妻也許會有更好的默契，相信彼此。

◆父母厭世語錄：不對的事就要改，改不了就是缺乏意志跟決心，無法接受！

◆醜爸勸世良言：家族治療大師薩提爾女士相信，每個人在大多數情境下都是盡力的，值得被欣賞與肯定。試著讓彼此接觸自己的初心，讓情緒可以被看見，再來慢慢調整行為。行為不會完美，但家人間會更靠近。

他不就是該接住我的情緒嗎？

「家人不是你的情緒垃圾桶。」

乍聽這句話，覺得簡直是真理。是啊，當家人何苦來哉，每天都接一堆情緒垃圾，你丟給我，那我丟給誰？應該要自行處理，還家裡一個清淨。

「那我還需要這個家幹嘛？」

也是，家人間不就應該互相扶持，禍福與共？外面被欺負，回家討拍拍，若一開家門，就來個溫良恭儉讓，報喜不報憂，回家也就只能往房裡躲，自行取暖囉？

看似衝突的兩個觀點，關鍵出在「能力」與「責任」。

可以一起打掃，但別丟你的垃圾給我

我很喜歡亨利．克勞德及約翰．湯森德博士在《過猶不及》一書中，引用《聖經》裡關於「重擔」及「擔子」的差異。

用我自己的話來說：「擔子」是屬於我們每個人的責任義務，是我們有能力、也應該自己完成的工作。例如，四十歲的先生可以自行起床，準備簡單早點，穿好衣服，背好公事包上班去。但如果有一天，他覺得自己把果醬塗在烤好的土司上是很麻煩、很心酸的事，從此起床後，便坐在椅子上發呆，等老婆準備，那麼這位老婆該伸手幫忙，塗好塗滿最好塗到他臉上，還是自己不做就拉倒，反正肚子這麼大，餓不死？

「重擔」是超過我們能力所能負荷的大事，自己硬扛，會陷入脊椎碎滿地、內臟黏糊糊的慘境。例如，平時張羅三餐、消夜、便當、零食、點心，環境清潔、洗衣、採購，雖然沒人幫忙，氣喘吁吁，但胸一挺，仍氣蓋山河罩得住。但人有旦夕禍福，一天家人出了意外，情緒崩潰且須立即安排醫院照護，此時若無親友強力支援、雪中送炭，鋼鐵意志也得投降。

兩者的差異，主要在於「能力」及「責任」。每個人都有自己的擔子，雖然偶爾需要協助，但不應全由另一人負責面對。所謂的長大，也許就是學習如何在各種情況下，想辦法把擔子扛起來，而非裝傻等人收爛攤的過程。但當責任大到難以承受，或個體行為能力受到損害，以至於無法面對日常關卡時，重擔就出現了。

此時除了呼喊「萬能的天神請賜給我神奇的力量」外（這個卡通梗男生應該懂），親友間的「支持與取暖」是不可或缺的力量。

尤其在「情緒」的相關處理上，如果重擔和擔子沒做區分，便容易出現所謂的「情緒勒索」，或是「一人發飆，雞犬不寧」的家庭肥皂劇。

「抗議！有人惹我生氣，也是我自己的擔子，要自行處理？太不公平了！」

是也，非也，讓我們繼續看下去。

為什麼情緒要自己處理？

想像今天孩子的聯絡簿上，老師寫著「○○今天動手打人，對方頭破血流，明天請家長到校長室懇談」，父母瞬間爆氣，家法伺候，合情合理，是嗎？家長處罰孩子，完全是因為「孩子的行為」造成的？

來看以下兩種虛擬情境：

1.大案子了結，老闆論功行賞，調薪升遷一樣不少。笑容滿面，春風得意，說今天你最紅，一點也不為過。

2.大案子了結，好處都被同事占盡，開車回家路上，還不小心A到一台高級賓利車，心知肚明是自己的錯，且上個月才把保險從丙式換成只有第三責任險，這下三個月的薪水也不夠賠……

這位父母回到家，在情況一的前提下，跟在情況二的前提下看到聯絡簿，反應會一樣嗎？如果不一樣，可以說「孩子的不當行為」讓爸爸／媽媽生氣？還是父母當下的心情、狀態，也很大程度地影響自己如何對待孩子？

孩子要為自己的行為、而非父母的心情負責，這一點也同樣適用在伴侶關係。

「什麼？所以我不能跟我的另一半抱怨，今天如何被孩子凌遲、長輩欺負、主管惡搞？」

你當然可以跟自己信任的人抱怨、客訴，但這和「你要負責讓我心情好」是兩回事。

前者是一吐悶氣後，自己的垃圾自己處理；後者不但垃圾丟你滿屋子，還要你整理乾淨，不然翻臉。情緒可以彼此傾聽、接納，但你的情緒如何轉換、堅持是否放下、痛苦緩解快慢，不是另一個人的責任。

有人以為，家有學心理諮商的先生，我太太一定享受高規格的「情緒SPA」，心情成天亮晶晶。事實當然是：哪、有、可、能！身為伴侶，我能做的是讓她感覺安心，相信有隻耳朵隨時為她準備（豬耳朵下酒的概念？）。若我意圖承接她的情緒，隨即會掉入指責（別鑽牛角尖了）、說道理（多元思考會幫助妳放鬆）、討好（別氣了是我不對）、打岔（別說了去吃宵夜吧）的應對姿態裡。

既然她的情緒是她的擔子，承接及處理並不是我的責任，我便不須「改變她」。我能做的，是和她一起看向「不蘇胡」的源頭，陪伴她面對自己的情緒（有時是躲遠一點，免得被炸到）。

除了對方（當然包括我）行為本身造成的影響外，有哪些是和當下人事物無關？哪些來自現實的工作、家務，或是「過去」相關的回憶湧上心頭，而有苦難言？我承接的是這個「人」，而非她的情緒，但這份接納撐出自我整理的空間，來面對內心波濤。

「可是可是，別人就算了，伴侶當然要用盡一生的愛，讓我歡喜讓我不憂啊！怎麼會不是他的責任？」

有孩子之前且年輕力壯時，也許接你千遍也不厭倦；有了孩子後呢？讓我們繼續看下去。

伴侶有時不見得是最適合陪你的伴

兩人世界的甜蜜，進階到三人以上的掙扎，箇中滋味不多說，當初能夠承接你千遍也不厭倦的強大力量，再也無法像過去一樣游刃有餘。當我們在家中掀起情緒風暴，無論始作俑者是誰，包括伴侶，無一倖免。

一個家只有幾坪大，彼此情緒互相影響。如果連大人都無法照顧自己的情緒，要另一個心情也受影響、盪到谷底的大人，能像小太陽般溫暖你心中陰暗角落，最好連小孩長輩都照顧得服貼滿意，實在難以想像他心中承受何等壓力。

也因此，我鼓勵每一位照顧者，要把「自我照顧」視為自己的「擔子」，吃東西、運動、找朋友聊天都好。一心只冀望和你一起同處暴風圈的他，能全權擔負起照顧你的責任，這千萬母湯喔。

「醜爸，可是我覺得自己的情緒經常都像『重擔』，需要有人和我一起扛，真的不能要求伴侶一起嗎？」

夫妻偶爾一起崩潰、互相傷害是一定要的，但如果覺察自己幾乎無法靠一己之力面對情緒，建議你尋求專業心理師、助人工作者的協助，這麼做也能更深入了解自己，陪你走過這一段。

◆父母厭世語錄：情緒糟透時，他承接不住我，那結這個婚幹嘛?!我就是狀況不好才需要他啊！

◆醜爸勸世良言：有孩子前，夫妻是彼此的天與地；但有了孩子，壓力陡增，我們經常自顧不暇，遑論出手救援。況且一個人的情緒部分源於自己的內心戲，解鈴還須繫鈴人。

我絕不重蹈覆轍！可是……

當了人家的媽跟爸之後，最不想聽到的話之一，莫過於「你就跟你媽／爸一個樣」！

冷靜想想，其實這句話本身沒什麼好氣的。不像自己的媽／爸，難道要像隔壁的大嬸／老王？

這句話之所以讓人感到芒刺在背，一方面是說的人本身就不懷好意，意圖激怒我們；另一方面，我們始終努力在去蕪存菁，想讓自己活出超越父母的樣貌。麻煩的是，我們可能一腳踩在父母的老樣子裡，另一腳卻用力往外跨，亟欲掙脫，整個人極不平衡。不平衡下使勁一抓，期待抓到人救我們脫離苦海。如無意外，這人即是和我們同在苦海裡浮沉的另一半，同樣無計可施。

看見伴侶不但無計可施，有時還落井下石，心中怨念匯聚，不禁長嘆：「不想重蹈父母婚姻覆轍，自己修練就算了，都特地挑了個跟爸爸／媽媽個性迥異的伴侶了，怎麼到頭來還是難逃宿命？」

沒有選錯對象，只是模仿父母在關係中的模樣

最令人困惑的，是得知即將為人父母時我們信誓旦旦，要建立一個「嶄新」家庭的理想，卻隨著孩子出生、年紀漸長而漸漸幻滅。幻滅倒也不全是我們做得不好，而是因為「怎麼會越來越像我爸／媽」。

如果對上述感同身受，你絕不孤單，因我也是同道中人。我以為自己理性感性兼備，自信謙和完美揉合，但走進婚姻、成為父親後，才發現和伴侶溝通時，上演無數次摸不著頭緒的內心小劇場。腦內雖展演數個完美

婚姻溝通劇本，身體卻不由自主僵化演出。歹戲拖棚，還堅持加碼安可。

直到為了準備原生家庭講座，以及學習薩提爾模式之後，我才看見這種「不管拎北對錯，劇本就是照我意思演」的慣性，來自於原生家庭的洗禮。

即使個性上，我跟父親南轅北轍，生活經驗有如駱駝與企鵝般不同，成為父親後，我還是踏進內心深處早已設定好的「父親角色」。

什麼意思？請見左圖，以小惠與家人的關係為例：

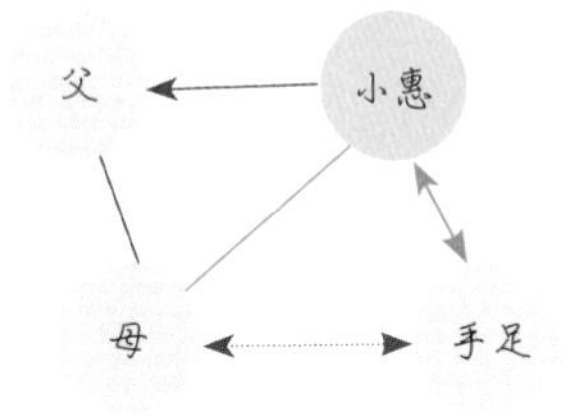

小惠的原生家庭有四個成員，成員間的線條代表彼此的「關係」，例如「小惠」和「父」的關係是單向且薄弱，「父」和「母」之間關係緊密（但不見得親密，也不保證有互動）。接著加上彼此的溝通姿態，像是：

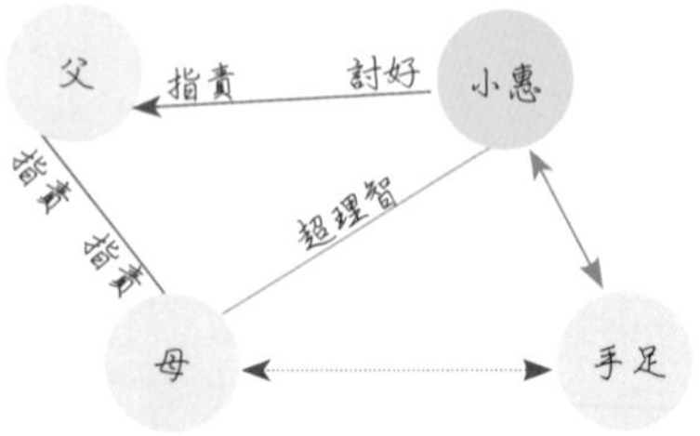

舉例來說：小惠和父親關係是單向且薄弱，她盡可能討好父親，換回的卻只有零星的指責；父親和母親依賴且共生，但兩人間不存在親密，只有不停地互相指責。

當這個關係模式在小惠的生命中運行一、二十年後，她成立了自己的家庭。這個小家庭除了小惠，其他成員是全新的三個面孔、脾性，還有靈魂，小惠也都知道。但當小惠踏進「母親的角色」，在「家庭」脈絡下時，即不自覺開始複製過去原生家庭的關係模式，像是：

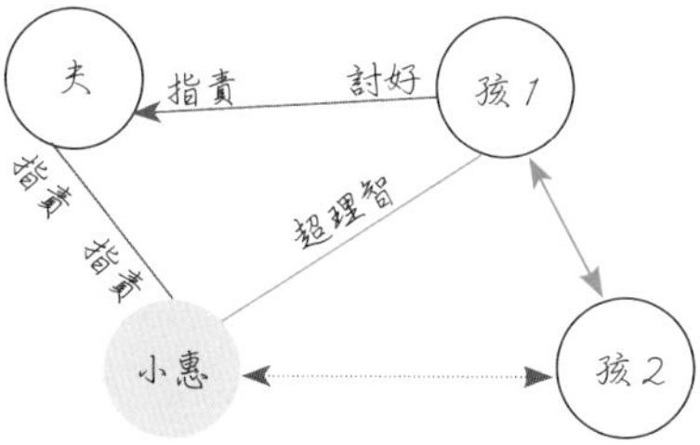

雖然先生跟父親擁有完全不同的個性，小惠也可能在溝通中不由自主地指責先生；長年被指責的先生，脾氣再好也孰不可忍，回擊了起來，卻

剛好落實小惠「天啊，你怎麼跟我爸一個樣！我以為自己挑對人了」的怒吼。

這正是為何薩提爾女士從不告訴任何人「你有問題，你該改變」，而是從我們的應對姿態開始，了解內心的各種需求與想法。當內在轉化了，更認識也願意覺察自己後，便能在關係中做出新的選擇，不再重複原生家庭的溝通模式。

也許我們從未選錯人，只是踏進了角色，複製了慣性（當然選錯人的機會還是有的。這裡僅嘗試從關係模式對伴侶衝突做不同角度解讀，讓彼此增加溝通彈性）。

找一個更舒服的姿態，表達自己

以下提醒，不是要告訴你怎麼溝通才是好棒棒，市面上談理想溝通的書百百種，也許你們夫妻搞不好以互相指責為情趣也說不定，我就少在這邊自以為是。

我在此是想邀請你有意識、有覺察地重新選擇一到幾個你更喜歡、更舒服的姿態，來表達自己，增加溝通的彈性。至於你們的關係會如何演變，就留給你與另一半探索。

1.溝通中注意自己的各種身心變化：溝通的過程，肯定帶給身心大小不等的衝擊，這是必要、也是好的。有人以為溝通時最好「控制，甚至不要有情緒」，但又不是在玩間諜遊戲或練絕世武功，千萬別這樣逼死自己，在親密關係裡這麼做，反而阻礙彼此理解。

我們需要辨識情緒，並覺察此時此刻情緒如何影響我們，才能知道自己需要什麼，並清楚表達（請參閱本書〈他不就是該接住我的情緒嗎？〉）。身體的變化是最容易發現的，例如滿臉脹紅，手腳發冷，呼吸急促、口乾舌燥；心情的變化也可以藉由外在觀察推敲，例如音量高低，說話速度。

注意到身心變化後，自問這樣的變化是否幫助自己釐清需求，還是阻礙自己清楚表達？若對於當下的溝通已無幫助，繼續堅持是在發洩，還是期待對方讓步？無論需求還存不存在，你還有能力、意願溝通嗎？

2.有無能力、意願繼續溝通：溝通到最後，失焦成拚輸贏時，早已兩敗俱傷。在正式互相傷害到天荒地老之前，請快速檢驗自己，是否有能力及意願繼續溝通？若答案是肯定的，卻又沒有上乘內功當下轉化，可以嘗試改變你的應對姿態。

改變並非因為被打趴後只想活下去的迴光返照，而是意識到溝通卡住的其中一個可能：不是兩個有毛病的人在互咬，而是困在慣性的應對姿態中，動彈不得。此時有意識的嘗試改變姿態，例如從指責變成打岔，找個理由讓雙方可以暫時冷靜，整理思緒，或者從超理智轉為討好，雖然不習慣，但氣氛可能隨之一轉，雙方反而較容易聽見對方的聲音。

身為「不管拎北對錯，劇本就是照我意思演」的正宗傳人，我最會的是「指責轉超理智」及「超理智轉打岔」，時間夠的話，偶爾來個「討好大噴發」也可以。夫妻面對面，好好把話說清楚，接納彼此的現狀，則是不勉強但持續努力的目標了。

我們當然希望溝通的難題可以藥到病除，但我經常得到的回饋是差點命除……許多人對於伴侶帶回家要和他嘗試的「溝通練習」，有著老死不相往來的恨意，避之唯恐不及。為了更好的關係而努力，很好，但還是老話一句，請先「接納這個人現在的樣貌」（請參閱本書〈接納是改變的開始，還是改變了才能接納？〉），並預期這一切將且戰且走。

也許當原生家庭的模式成為過去，各種姿態出現彈性，且戰且走也能經營出關係的溫度。

◆父母厭世語錄：為什麼我跟我爸／媽一樣？為什麼刻意找個跟我媽／爸不一樣的伴侶，最後仍難逃魔掌？是誰有問題?!

◆醜爸勸世良言：也許沒人有問題，只是我們沿襲舊有的溝通模式，任何人踏進特定角色後，即開始模仿該角色的應對姿態。改變不嫌晚，從接納現在的樣貌開始，鬆動慣性溝通模式，一步步探尋關係改變的新契機。

「我的家」和「我們的家」

你跟伴侶是否曾發生以下對話？

夫：我星期六要回家一趟。

妻：回家？你說你爸媽家？

夫：對啊，不然咧？

妻：那是你爸媽家，不是你家，你家在這！

夫：很無聊耶，我爸媽家不就是我家，妳聽得懂就好！

妻：是嗎？爸媽家就是你家，但那不是我的爸媽，所以不是我家；我家就是我們的家，那我家是你爸媽的家?!

電視廣告表示：全家就是你家啦！

一張床躺六個人？

婚姻諮商師很常用「一張床躺六個人」來比喻伴侶各自的原生家庭，如何深刻但不著痕跡地影響日常生活。

誰是那六個人？伴侶，及各自的父母。

當然睡覺時一張床只躺兩個人，但原生家庭父母的影響，在你以為最個人、私密、無人可管的領域裡，都栩栩如生地出現在你的生活當中，彷彿他們就跟你睡在床上似的。

然而每個人和其原生家庭的親密、糾結程度，有相當大的差異。有人成了家，卻把和伴侶的家視為原生家庭的延伸，界線非常模糊；另一頭則是巴不得把身分證上的父母欄寫上「不詳」，最好此生和原生家庭別再有任何瓜葛。可以想見和原生家庭關係緊密的先生，遇上關係相對薄弱的妻子……還是別想的好，衝突畫面不宜闔家觀賞。

因各自原生家庭的影響而造成的婚姻衝突，雖在所難免，但千萬別忘記原生家庭也帶給我們豐富的資源與愛。既然書都買了（在書店看的不准放回去，快去結帳），就一起來面對吧！

「我的家」可能帶給「我們的家」什麼挑戰？

1.五花八門的直接干預：當我第一次聽聞，有婆婆會在兒子媳婦出門上班後，幫他們夫妻倆整理衣櫃時，驚訝得不知所云。這不但侵犯隱私，也透漏婆婆與兒子糾纏的依賴關係。畢竟，從小到大我媽最常唸的一句話就是：「自己整理衣櫃，我最討厭幫你們清理！」我真的想不到，會有娘親願意幫三十幾歲的已婚小孩整理安放小祕密的地方！

其他的直接干預，無奇不有：買食物塞滿冰箱；沒問過，就幫妳肚裡孩子取好名字；堅持幫妳帶小孩，絕不能送幼兒園；突然出現在妳家樓下，整天行程大亂……要舉例子，相信各位可能比我還行。

2.收關生活各層面的不同習慣、觀念、溝通方式：我婚前總以為，怎有人會為了怎麼擠牙膏吵架，現在才明白，怎麼放鞋、擺碗筷、沒掀馬桶蓋、吃完飯幾分鐘內得洗碗、檯燈的角度……都可以是吵架題材。過節送禮、初幾回家、為什麼你妹不用去我們要去、我不是不理人是在想事情、小孩不喜歡吃飯不用她管……本來在「我的家」覺得理所當然的習慣與觀念，在「我們的家」裡卻成了問題，好似礙眼的家具欲除之而後快。

3.我知道他們很爛，但就你不准說：《當我越自在，我們越親密》一書中，婚姻諮商專家把夫妻關係發展分為幾個階段，不斷循環，分別是：浪漫期、權力爭奪期、整合期、承諾期和共同創造期。在權力爭奪期階段，浪漫期的激情與想像逐漸消退（也就是生米煮成熟飯的意思），一個人真實的樣貌展現，彼此的習慣、觀點開始衝撞時，便想控制、要求對方「給我變回（或變成）我理想中的伴侶」。此時的伴侶相處也經常夾雜失落，白馬王子原來不會騎馬，長髮公主其實頭戴假髮。

取得控制權最致命卻可能最有效的手段，即是指責。也許是文化中堅定不移的階級意識，我們總相信讓一個人聽話，要先貶低其自尊；貶低人最狠毒的一招，莫過於「戳人無法改變的痛處」，例如翻舊帳、攻擊對方的出生背景。

「妳們家的人就是這樣，愛錢如命！」

「其實你就跟你爸一個樣。你何時找過你爸？難怪小孩不愛找你。」

「妳罵小孩就跟妳媽一個樣，不覺得很悲哀嗎？」

看完這三句，想摔書的請用力一點。

伴侶試圖傳達出「聽我的」「我不知道如何面對我們的不同」「生活太麻煩，我不想管」的心聲，卻迷失在失落與焦躁裡。攻擊對方的原生家庭和他們之間的牽絆，激起的是反擊的浪潮，雙方無法安歇在水邊。

4. 對家的忠誠：承接上述，對許多人而言，原生家庭再不堪，也是承接、孕育我們生命的地方，最深的渴望並不允許我們背棄，我們終究無法割捨那條隱形纖細的關係臍帶。在「我們的家」，卻必須割捨、甚至厭棄「我的家」，即使伴侶在其他層面給予許多滿足，仍無法感到被無條件地接納。

5. 未滿足的期待：每個人對原生家庭父母皆有未滿足的期待，例如希望媽媽不要重男輕女，期盼爸爸每天回家吃飯。這些被忽視、甚至否認的期待，影響我們心理需求的滿足，例如安全感、對人的信任、自信心。在「我們的家」，無論是婚姻還是親子關係裡，未滿足的期待會出來干擾，我們視對方有能力彌補自己失落的過去，但他很可能做不到。

自我提醒三步驟

「我們的家」和「我的家」交織出得用一生來學習的樂章（以後「我

們的家」還會變成孩子的「我的家」），沒有任何的捷徑或祕方可言，在生活中持續覺察、調整才是長久之計。

修行中若需要隨時提醒，以下用簡單例子「吃完飯就把碗洗一洗啊？」介紹金魚腦本人我常用的提醒三步驟，包含上一段落提到的第二到第五項挑戰（第一個挑戰是驚世媳婦、台灣阿誠等級，簡短文字無法訴其一二，小的自知斤兩，故略），僅供參考：

第一步，辨識痕跡：每個人的習慣、觀念、溝通方式都有脈絡，脈絡的源頭自是原生家庭。我們可以嘗試辨識不被認可、看不順眼的部分（包括自己和伴侶），是如何從長輩那演化過來的？例如吃完飯不洗碗，不是因為伴侶或他的原生家庭懶惰，而是他們習慣吃完飯即到客廳吃水果看電視，碗盤大家有空慢慢洗。這種把休閒擺第一、家務第二的生活風格，也許和你大相逕庭，但卻在心裡幽微處吸引著你。

也許你會發現，越吸引卻越造成你的抗拒，一方面是「對父母的忠誠」在作祟，也可能是還無法放下期待被滿足的模式，像是：過去努力幫忙家務，表現優異獲得讚賞，現在反而無用武之地，還被嫌神經兮兮、無法放鬆。

第二步，畫出界線：辨識出來後，請在心裡畫下一道「我們的家」和「我（他）的家」的線。這條線不是楚河漢界，準備擺陣開戰，而是告訴自己這是兩個家庭的「相異處」，每個家庭都是為了各自最好的生存而努力，沒有誰是為了為難誰而存在。

看見了，不評價、不比較好壞對錯，接受彼此的相異。

第三步，活在當下：伴隨的情緒自行處理後（謎之音：記得要看《父母的第二次轉大人喔》），我們聚焦在「當下」，也就是「我們的家」。告訴家人你看到什麼、心理產生什麼衝擊，和他（們）一起聊這個家想要什麼樣的規矩或原則、可能會對每個人造成什麼影響。說出心中的想像，也在不評價中嘗試體會伴侶是如何把過去帶到現在。邀請他和你一起跳出框架，重新拼湊出「我們的家」要的是什麼。

「家」在不同時代、文化下被賦予多重意義，也孕育色彩迥異的個體。這便是原生家庭在生命中的痕跡，是為了看見個體在成長中縫補自我的努力。於是我們可以告訴彼此，你不能療癒我的過去，但我們都渴望擘畫未來。

讓渴望被滋養、滿足的地方，就是家。

◆**父母厭世語錄：**別人的兒子／女兒最難教。原生家庭的問題真是讓人煩心！

◆**醜爸勸世良言：**一個人從原生家庭帶來的許多資源裡，免不了伴隨些用不到的雜物。雜物不整理，有礙觀瞻，但標示清楚、收拾整齊後，雖不甚美觀，卻也不至於破壞家庭環境。硬要對方丟掉雜物，只會勞民傷財。

為什麼累了一天回到家，還要我做家事？

「請問手機還要看多久？」「欸，不是說你要洗碗？」「把孩子哄睡後，記得倒垃圾！」「衣服我放到洗衣機了，等下洗好幫忙晾起來。」「奶瓶不要等到明天再洗，睡覺前一定要弄好。」

在外努力工作的爸爸們，這些話是否熟悉到覺得耳朵癢？與其回家做家事，不如留公司加班，反正都沒得休息，還可賺點加班費？

在家奮鬥的媽媽們，是否覺得另一半莫名其妙，不願分擔家務？如果照顧孩子加上打理好整潔衛生的家，輕鬆寫意自個兒做得來，何以苦苦相逼，破壞鶼鰈情深？

也許爸媽的角色是對調的，或者兩人都在外打拚，沒有分什麼主外主內，但回家卻只有一人單打獨鬥，變成不是比慘就是比爽的殘酷擂台。做的人也許心甘情願，但不做的人只是被交付點小事，怎能唉聲嘆氣?!

幫忙做家事之必要

成為人父後，我也同時經歷許多身分：全天上課、實習、寫報告的博士生，在家相妻教子家務幾乎通包的全職爸爸，也曾是每日「在外努力工作，回家只想撲床」的上班族。因此，我曾在疲憊不堪、到家即接獲指令時，滿腹怒火地執行任務；也曾在另一半前腳才進家門，馬上迫不及待宣布她最新的待辦事項。

然而，也是經歷這樣不只一次的角色轉換，我才領悟到做不做家事無關乎「誰比較累、誰比較不累」的問題。

無論在家還是上班，基於人性，我們多少都覺得自己比較辛苦。記得當上班族的那段日子，由於工作時間特殊，即使時間一到馬上打卡閃人，回到家也已近九點。九點時孩子正在刷牙，準備就寢，也是妻子一天勞累晦氣累積至頂點、蓄勢待發之良辰吉時。

八九不離十，我在家門口就能聞到戰火硝煙，開門後隨即接手兩隻大的所有相關事宜，直到他們搞定躺平（媽媽忙老三去了，因為這時候早睡的老三都會起床參戰）。狀況好時，拎北會有種「捨我其誰」的氣魄，搞定小孩後，還能輕聲安慰老婆，洗耳恭聽屁孩一天的逆襲；但當自己被工作弄得傷痕累累時，難免會想：「我知道全職在家帶小孩很辛苦，但妳的時間那麼彈性，不能做更好的時間管理？一定要等我回來做這些事嗎？」

問題的答案在我成為「在家主要照顧者」時，得到完美的回覆。

在家的真是覺得上班的比較不辛苦，才要他們「回家加班洗奶瓶」？一定要伴侶回家做，才做得完？要做可以，不能等嗎？不能明天做？就不能有彈性點嗎？

都不是，而是因「幫忙家務」這動作，具備意想不到的生活療效。

讓一整天在家的伴侶，感到被肯定、被欣賞

雖然在職場奮戰的那一位，可能是更辛苦的人，但在充滿上司、下屬、同事、競爭者的環境中，加減可以得到「我們是一國」的歸屬感，而這樣的歸屬感，是在家全職照顧孩子的一方沒有機會感受到的。

一個人在家帶小孩，再怎麼辛苦、努力，縱使伴侶、長輩感謝在心，但「一整天只有自己跟小孩糾纏」的生活，總有種「無人能感同身受」的苦悶。表達感同身受，最有效的即是「行動支持」。

行動支持不是要你獻花送禮（當然也很需要），而是捲起袖子，一起努力。如果當初耶穌、釋迦牟尼沒有用行動和人民站在一起，兩大宗教可能不會有今日光景；同樣地，許多政治人物深諳此道，才會終日下鄉視察、勘災。甚至我們最愛戴的老師，經常都是和我們一起打掃、跑操場的那幾位。

當伴侶參與家務、用「行動支持」時，「被懂」的感覺隨即油然而

生。接手餵小孩吃飯、幫忙換尿布、跟鬧情緒的兒子玩個小遊戲……那是一種「家人」的感覺，一款「咱們是一國的呀」的fu，一陣「你懂我、我懂你」的安慰。縱使過沒多久還得進房加班忙事情，直接昏死沙發到天明，但那種被認同的歸屬感，是無價的啊！

緩解悶了一整天，「愛」難說出口的窘境

悶了一天的全職媽媽／爸爸，亟欲與「成人」（尤其是伴侶）互動的渴望，會隨著伴侶開門時間的迫近，而逐漸升高，甚至出現「越期待、越焦慮」的心情。加上孩子們通常在傍晚到晚餐時段，因為「活力指數下降」加上「來自照顧者的關注減少」而躁動起來，結果預設的開門相見歡、滿腹的愛意，不但無法立即傾訴，還需要對方幫忙先承接情緒垃圾！

當然，糾結複雜的心情也同樣發生在甫入門的一方身上：其實很想親親抱抱深愛的家人，但卻沒來由地抱怨「飯還沒煮好？」「客廳怎麼那麼

亂？」「妳一整天是在忙什麼？」這種近似殘酷的回應，一方面是因為我們的文化不鼓勵直接表達情感，導致有些人處在疲累、挫折卻又需要安慰、擁抱的脆弱狀態時，反而武裝自己，表現出無所謂、甚至冷淡的模樣。

另一常見的原因，我發現很多夫妻為了「讓孩子準時睡覺，維持高品質的家庭環境」這個準則，反而從全部人回家的那一刻開始，立即就定位，進入高度戒備、使命必達狀態！每個人忙了一天，好想溫存、討愛的時候，卻要開始上膛作戰？

我的老天鵝，可以休息一下，十分鐘就好嗎？

最精心的時刻，就是當下的陪伴

曾經我也大聲疾呼「幫忙做家事，讓夜晚的高品質伴侶時間成為可能」，自以為能誘使夫妻開始合作，不計前嫌。但老實說，倘若從回家的那一刻起，人人都是在高壓中求生存，兩人是要如何在把孩子都埋進棉被後，還能把酒言歡、談笑風生？

沒有人能忽視在外上班的辛苦，在家的那位（或者同樣要上班，但下班繼續辛勞的那位）當然也有本事獨攬一切，「回家幫忙做家事」不是爭一口氣，也非夫妻間的權力爭奪，反而代表一種行動，認同彼此的辛勞，願意把握一日最後的幾個小時，有感覺、有溫度地一起度過。

從回家的那一刻起，為雙方築起最精心設計的五分鐘。放下今晚要達成的目標，暫不檢討此刻之前彼此的生活，單純地擁抱，讓今晚可以從放鬆、互相接納開始。

也許在一天的最後半小時，能擁有凝視彼此的時光。

祝福我們。

◆父母厭世語錄：一整天在家，難道時間不夠用，還要我幫忙做家事？是你花太多時間滑手機吧？

◆醜爸勸世良言：做家事不用多，有時博的是歸屬感。兩人一天相處時間有限，回到家給彼此五分鐘處理內心戲，嘗試放鬆，彼此連結，攜手共度接下來的家庭時間。

我們與小三的事

孩子的事，就是我的事？

夫妻吵架，保守估計與孩子相關的問題占有六、七成，說他們是地表最強小三也不為過。

就感情論，你的伴侶會為了誰跟你大小聲、拚輸贏？孩子不是小三，誰是？

就時間論，你的伴侶會為了誰、什麼東西跟你翻舊帳、比委屈？孩子不是小三，誰是？

就立場論，你的伴侶會為了哪個第三者的事，不計代價、動搖家本，

要你認同附議？

孩子的事，是我的事，也是你的事，且是「你要聽我的」那種你的事。

我們都愛孩子，為了孩子吵架爭論、釘孤支，都在所難免。然而，談到任何夫妻關係外的第三者，我們都可以盡量平靜、好好對話（好啦，有人談到自己的原生家庭也是即刻自爆），但只要講到孩子，氣場總是為之一變，戰鬥力馬上提升好幾個等級，一觸即發。

孩子的事成為夫妻角力場

為何討論「別人的事」這麼困難？雖說我們在乎、深愛孩子，且法律上對孩子有責任，但兩夫妻討論的畢竟是「第三者」的事，何以甚難多點客觀，好好說話？

1.孩子是自我意志的延伸：你的孩子不是你的孩子，這句話有時我們最想對伴侶說，尤其是當雙方意見不合，或看對方做法不順眼時。雖說教養專家已揭示各種優質教養的套路，卻只能當作參考資料，畢竟不只孩子跟我們不同，父母也是傳承各自家族的綿延歷史，（幾乎）沒有一位父母願意完全聽從他人建議，經由幾百萬人認證過的教養方法亦然。教養來自照顧者獨一無二意志的延伸（請參考本書〈教養是很私密的事〉），孩子的事不屬於好壞對錯的範疇，是兩位照顧者意志的激烈碰撞。

2.照護者的權力遊戲：即使行為觀念荒謬乖誕，我們仍無權為伴侶做選擇，也無權為原生家庭成員決定什麼；但對於孩子，無論是因為一出生的無助與無能，還是基於相信天賦親權，我們對孩子都有極大的權力，範圍無所不包。

極大的權力加上滿出來的愛，和焦慮、責任等調味混在一起「喇喇A」（河洛語「攪和在一起」之意），即生出我們都很熟悉的「控制」。

然而真正棘手的不是控制本身，而是當兩位照顧者對孩子擁有同樣的權力，也生出對等的控制時，雙方即易僵持不下。

3.以孩子之名：深受群體主義、團體至上教育影響的我們，表達「自己的」期待、想法、欲望時，經常得找合情合理的理由，才能理直氣壯。而當談到孩子時，所有的事不僅合情合理，還天經地義。例如，跟公婆說我平常上班好累、好辛苦，你兒子白目沒良心，老娘過年想去沖繩玩五天，恐怕難以開口；但若變成小孩快上小學，暑假要上正音班沒空，只好趁過年帶孩子去，才能跟別人一樣擁有美好回憶，公婆只能含淚相送。

我們認為的是非對錯，感覺到的喜怒哀樂，以自己之名，不妥；以孩子之名，很可以。當然，這現象並不普及在生活各個面向，但同樣地，當夫妻皆欲以孩子之名表達自己、呈現需求，被否決時自然難以平靜相待、客觀討論。

4.如果你是我的傳說：無論你是不是電影《追夢人》年代的一員，和伴侶一起經歷浪漫與衝動的種種期待，不會在孩子出生後即破滅殆盡。每一次的理性討論到激動爭吵，總期望先剎車的是對方，先道歉的是對方。伴侶，不是可以承接生命的紊亂，體貼壓力下的失措，至少和我們並肩站在一起嗎？是啊，只是伴侶也正經歷老化，面臨生涯徬徨，伴隨孩子不曾須臾停留的成長（與衝撞），父母經常只能自求多福，對於伴侶的需求與期待，無暇，也乏力（請參考本書〈他不就是該接住我的情緒嗎？〉）。

想說，還是想被聽見？

「醜先生，說了那麼多，那您有啥高見？」

大家也知道，老醜變不出新把戲，答案肯定是請大家開始自我成長，及趕快下訂此書（已經買了再來一本）和第一本書寶寶《父母的第二次轉大人》。當然也可以針對上述四點，一一面對，但當父母相信教養就是求對、求好、求效率，上述四點只會不斷被強化，好助自己贏得對孩子的控制權。

不過教養的分工與權責，會隨著孩子成長，日漸各就各位，夫妻的爭吵不直接影響教養決定，更多是翻攪日積月累的情緒與委屈，越吵越無力，越爭越ㄘㄟˋ心（河洛語「心死」之意）。即使拿到控制權的一方，在吵孩子的事情時仍持續放進「數不清的自己」。雖然口中喊著「這都是為了孩子好啊」，但心中糾結在「你有看見我在這裡嗎」「你知道我在等你嗎」。

一直說，是真的覺得有必要說，還是想要對方聽懂自己的內心話？說出口的不被聽見，甚至連自己內心也混亂不清，那不如從聽開始吧！吵也吵不入心，用些時間好好聽，聽他想要什麼、不想要什麼，是從過去到現在都是如此，還是在你不知道的時候，已出現髮夾彎？

神奇的是，聽別人好好說自己，我們的心也隨之被整理。因為可以被聆聽，他的肩膀可以放鬆，眉頭不必夾緊。姿態緩和，溫柔便能尋得空隙。「原來你找我，不是要逼我為孩子的事表態啊。」「原來我可以說『不』喔，不早說！」「天啊，你終於願意讓我好好講話了。」

內心話被聽見了，也許會想更靠近；對方靠近了，感覺安全些，我們也能說出自己。

「為什麼我想被聽，還要先聽他的聲音？不可能！我不依！」

事情走到這地步，我也不矯情。親愛的，我們總是要找到願意傾聽的人，付上願意付的代價，為可能承受的傷害冒險。先傾聽，為的是自己的好，如果對方因此受益，是他賺到，我們的損失是什麼？當我們限制了關係中的開放性及各種可能，擬訂一百零一套不變劇本，要對方假意同行，對方也只能給你勉強配合的自己。我不曉得室友可以勉強自己多久，但通常比我們想像的短促。

對我而言，只要雙方還願意為「我們與小三的事」出來面對，即盡可能練習傾聽，相信最後被聽見的，會是自己。

◆**父母厭世語錄**：小孩的事超難有共識，每次吵到最後都不了了之，都快不想跟她說話了！

◆**醜爸勸世良言**：父母可以妥協自己的事，對小孩的事卻莫名堅持，因為是其意志的延伸，也是我們滿足需求、獲得自我肯定的出口。但夫妻其實無法透過吵「第三者的事」來證明自己，既然多說無益，也許把溝通視為傾聽對方的機會，我們也有機會整理自己，甚至被對方聽見。

陪伴「伴侶和小孩的關係」

「醜爸，我接受夫妻教養不一致，但對方的行為實在○○XX，真的覺得小孩很可憐，可是我好說歹說，都沒用啊！」

先來看個例子：

有對夫妻，價值觀相近，兩人也算同心一起帶孩子，互相支援。先生感謝也欣賞妻子為這個家所做的一切，唯獨對於她和大女兒的關係偶有微詞。

老大在校是個品學兼優的孩子，回到家有些生活習慣卻不中妻子意。妻子從小自我要求高，無法忍受同為女孩的大女兒對於很多生活習慣滿不在乎；做事嚴謹、不畏競爭的她，也看不下去大女兒在某些學藝上略顯草率的學習態度。雖不到每天，但母女兩人開始會為了細故爭吵。

先生卻相反，早就發現大女兒跟小時候的他有八成七像。因此較多時候可以理解孩子行為背後的原因，有辦法耐住性子，跟女兒周旋，這個差異讓先生覺得自己應該伸出援手，幫助妻子跟大女兒少點衝突、多些體諒。但也許先生操之過急，或妻子水土不服，本來的母女戰場，卻轉變成夫妻劇場，一邊越幫越忙，另一邊因為「伴侶的期待」，反而造成另一股壓力……

自以為拯救者的先生、淪為加害者的妻子，還多了夾在中間無辜的孩子，這是我們家曾經有過的場景。

你的孩子也是我的孩子

無論覺得自己的教養方式多潮、多威、多人性，別忘了：

1.孩子也是另一個人的。

2.有很高的機率，你用的方法、相信的道理，在社會上其實是少數，甚至周圍也圍繞著鏗鏘有力的反對聲音。

3.除非你決定放棄溝通，在家庭裡，多元聲音就應被傾聽及理解，而非比大小聲。

說穿了，上述三點的堅實基礎即是：你的孩子也是我的孩子，憑什麼怎麼教一定要聽你的？與其說是「這樣教好不好」的教養問題，反而比較接近「我跟你擁有一樣權力」的婚姻課題。

教養從來就不只是教養，是一個人的意志與信念的延伸（請參閱本書〈教養不一致，OK不OK啊？〉）。即使對方意識到自己的不足，有意願也正努力調整，但要改變的不只是零星觀念，而是一個「人」，這談何容易！此時若接收到的是「快點改，你還不夠好！」的訊息，走回頭路、跟對方拚輸贏，是很合理的反應。

改變到底是為誰的好處？

改變，是為了「要人改變的那一方」的好處。

「不是吧？叫他不要兇小孩，是為了他好耶！這樣孩子才不會怕他，怎麼會是為我好？」

改變的焦點如果放在好壞對錯，「權力爭奪拚輸贏」就又回來了：「你說我不好要改，那你要不要改一下亂跟團購的習慣？」「我對孩子太兇，你都不會？你先一星期不罵小孩我再學你，要不要？」如果站在「我是為你好」的角度，被要求的一方難免反抗：「你改變想法跟標準，我不就變好了？所以問題出在你！」這種思維，也出現在被我們不斷要求的孩子身上。當每日緊密生活在一起的家人中有分好人壞人時，紛爭難免。

開始改變，通常不是自願的，即使最後成功，對方也可能抱持「如你的願，開心了吧」的心態，反而埋下日後更大衝突的遠因；或即使成功了，他卻沒有享受到你告訴他的好處，誰要負責？

例如，妻子叫先生不罵孩子，孩子就會親近他，結果孩子仍舊成天只想找媽媽跟打電動。這時妻子若說：「因為你沒有陪伴啊！你陪他的時候要更投入！」說真的，如果我是那位先生，聽到這句話就覺得累，不如回鍋老習慣，直接開罵的好。

有沒有可能，他跟你不一樣？會不會他跟孩子就是無法跟「你和孩子」一樣，發展出如此緊密的關係？如果他不願意，覺得「現在這樣就很好」呢？要他跟你一樣，接受你的價值觀，究竟是為了誰的好處？滿足誰的渴望？

是關心，還是偽裝的指責？

改變需要很長一段時間，尤其親子關係的調整涉及很多面向，嘗試改變的人將經歷諸多挫折、自我懷疑、憤怒等負面情緒。此時，即使伴侶願意以關心鼓勵，取代落井下石，但沮喪之人仍極可能把「關心」視為「指責」，畢竟對於「覺得自己不夠好，努力學習別人所謂的好，卻又做不好」的人而言，任何跟「剛剛做了什麼」有關的發言、行動，即使溫暖正向，都格外刺耳。

相信大多數的另一半沒有任何指責之意，但當改變的起因是「我對你錯，我好你壞」，似乎有一方就難逃「覺得自己被指責」的命運。

陪伴「伴侶和小孩的關係」

當妻子與我們家大女兒衝突又起時，過去我總告訴自己：

「又來了！待會兒一定要提醒她，別忘了〇〇ＸＸ！」

「沒關係，是原生家庭帶給她的習慣，她還需要時間練習新的溝通方法！」

「唉，她難道不知道這樣做的後果？聽不出來女兒其實不是那個意思嗎？沒關係，再跟她說一次！」

上述看起來算積極有作為的反應，偶爾也許起到提醒作用，但更多時候只是讓她備感氣餒。那些沒寫出來，敝人消極無作為的臭臉抱怨、甚至大聲抗議，豈止雪上加霜。

我花了至少一年時間，多次探索自己的冰山，驚訝地看見諮商專業上的驕傲與自大，以為自己學會了水母漂，就有資格指導別人如何游泳；體驗到自以為的關心與安慰，含有他人無法承受之焦慮與指責；經歷想要扛下所有責任，以獲得控制與安全感的內在深層渴望，所以跨越界線，企圖影響別人間的關係。

我在冰山游上游下，除了偶爾撞山或凍僵外，慢慢體悟出幾個原則，幫助我可以陪伴「伴侶和小孩的關係」：

伴侶有權用自己的方式和孩子建立關係：我有什麼資格評判一位母親如何教養她的孩子？是誰允許我無視她一日百分之九十九的無懈可擊，眼茫茫挑剔百分之一的細小灰塵？我又哪裡做得比她好，好到可以說嘴？我何以能拉開嗓門，告訴一位盡心盡力的母親，「妳在孩子身上會造成傷害」，卻無視自己帶給孩子的任何負面影響？

上述的自問自答，幫助我畫出界線，讓她在沒有壓力下體驗屬於她們的親子關係。她們的關係由她們決定，我學習放眼關係的整體，而非聚焦在一時的衝突。

不選邊站，直接面對每個人的當下：在照顧自己、行有餘力之時，我盡量不涉入她們爭吵的事件本身，以及相關的觀點，而是直接面對「人」。

「還好嗎？來來，來吃飯！」「媽媽剛剛很兇，我知道妳很生氣，先別急著回話，可以先去房間冷靜。」「（對其他小孩說）她們在吵架很大聲，我們去房間玩。」

衝突發生的當下，本來就沒有我的涉入，那麼衝突後的處理，也不應當由我來負責。我可以關心每個人在情緒上的需求，而非代替吵架的家人決定爭吵如何收尾與處理後續。

陪伴伴侶接觸自己的內在：不需要高深的心理學知識或諮商晤談技巧，要陪伴一個人接觸自己的內在，第一步就是「不評價」。

看著伴侶，放下對爭吵的害怕、彼此的舊怨、對孩子的擔心，真誠地「在乎」，便能從灰暗的氛圍中竄出，給你如何陪伴他的亮光。（請參閱本書〈接納是改變的開始，還是改變了才能接納？〉）

這篇文說的是我犯錯、調整，以及正在嘗試的過程，當然有我多次的不耐與抓狂，卻也發現大家都比較放鬆了。在關係裡，是非對錯經常是暫時的，對彼此的尊重與欣賞卻能長久溫存，不會過期。

◆**父母厭世語錄：**我是為了他好，希望孩子以後跟他保持良好關係。

◆**醜爸勸世良言：**在「關係」中沒人想當錯的一方，否則當我們指出孩子的錯誤時，他們應該可以欣然接受。相信伴侶跟孩子的緣分吧！用陪伴取代壓力，欣賞多於提醒，你覺得呢？

教養不一致，O不OK啊？

曾在臉書上問各路強者父母一個問題：「不同照顧者的教養，真有可能一致嗎？」

雖然回覆不似落葉雪花，但也足夠表達天下父母對這話題的熱情。簡單分類如下：

1. 如果「一致」的定義，是指無論大方向還是小細節，照顧者皆能行為相同、心靈相通，那簡直是不可能！

2. 大部分的父母相信，若「一致」指的是大方向，例如不體罰、十點前上床睡覺（但要哄還是吼上床，看個人派別），這種「一致」則是可能的，也是心之所嚮。

雖然仍有父母認為，自己和其他照顧者在教養上沒有差異、一致和諧，但大部分的家長相信，不需要為了養育下一代而逼死自己。每個人都是獨特個體，在教養上有各自的做法，無可厚非，「一致」是為了讓孩子別鑽漏洞，但要搞到夫妻雙劍合一，未免也太辛苦。

若先把神人級的模範夫妻供著，我們可以說「教養一致」是屬於「共識、觀念、態度上」的一致，大多數時候可以接受對方的教養行為有所不同，但有意見時溝通的管道是開放的，調整是可能的。雖然有些差異、歧見看似沒有解決的一天，「接受彼此的不同」卻可能是必然存在的前提。

一致不代表完美，零星的衝突、對立，反而更能讓家庭擁有包容不同聲音的空間。

教養一致是真一致？

雖然我沒有閱人無數，甚至還有高度近視外加青光眼，但也目睹太多家庭的「一致」，其實來自夫妻中一方的妥協、讓步、討好、裝死。美其名「一致」，實則是「算了、算了，你好棒棒，都聽你的」，或者「你那麼大聲，我不跟你辯，就依你吧」。

一位主要照顧者從孩子出生開始，就不知要經歷多少觀念上的衝擊與轉換，同時承受身邊各種人的懷疑、訕笑、看好戲，這些自己都用生命在學習的道理，要另一個人點頭稱是、全盤接受，實屬不易。比較實際的畫面是，兩人因為順暢的溝通與互相尊重，願意相信對方努力用自己的方式愛著孩子。雖然時而白眼、嘆息，卻設下適當的界線，不做人身攻擊。

這個彼此學習、衝突、偶爾欣賞的過程，動輒數年，甚至長達雙位數，因此「不一致」可說是真實生活的常態，「教養一致」反而更像是為了理想而設定的假命題。為了彼此更靠近，而接納目前的不一致，還是為了越快達到一致，而批判現在的不一致？

來看以下兩種想法。

第一種：教養不一致是正常的，也是常態，照顧者間要學習理解彼此，給對方空間嘗試和孩子互動，並保持對話與傾聽，朝著共同的大方向前進。

第二種：教養一致是正常的，也是常態，因此當照顧者間出現不一致時，有問題的一方要改變，配合正確的一方教孩子，才能提供好教養。

以上兩種，你喜歡哪一個呢？

不一致也許不是教養，而是婚姻問題

「醜爸，可是有時不一致，真的會造成很大問題，孩子快被害慘了！」

如果孩子的「慘」已涉及法律層面，日常生活也受影響，例如精神狀況不佳，無法放鬆，請即時尋求專業社福單位協助。若非如此，教養行為的正確與否，其實有很大的討論空間，每天晚上大吼孩子去睡覺的獅子爸爸，為了催孩子寫作業摔鉛筆盒的老虎媽媽，對孩子是否會造成長期「傷害」，還言之過早。但如果每次大吼、情緒發洩完後，身邊傳來的是另一半怒目而視、冷嘲熱諷，唇槍舌戰何謂對錯，要求對方檢討改進，這也許已不是教養，而是婚姻問題。

分享一個小例子：

相較於我的父親，我的母親對我們兩兄弟的要求較有彈性。早上上班，晚上照顧小孩，還有四到六隻不等狗弟狗妹的母親，有機會也喜歡放鬆一下。像是父親上晚班時，尤其週末他出門工作後，就是我們母子名副其實的Happy Hour，看電視配麥當勞，偶爾來份外送披薩，連狗弟狗妹們都能同享薯條和披薩餅皮！

當然，我爸也不是省油的燈，無論清掃得多乾淨，大概從狗兒子嘴角的油膩，就能分辨幾個小時前被餵了些什麼。大則罵、小則唸，耳提面命警告「光陰似箭，週末晚上放鬆可以，造次不行」。然而幾個年頭過去，我想，父親雖然厭惡垃圾食物、期待我們多讀點書，也默默接受妻兒的小確幸，眼不見為淨。

我的父母教養不一致嗎？答案是顯然的，他們有自己的一套標準和想法，也不盡然認同對方，卻嘗試在溝通、各讓一步的過程中，取得平衡。我們兄弟則學到，父母標準不同，但仍是有一條底線，不能逾越，也不會拿媽媽的標準，去要求爸爸放寬教養標準，因為我們知道，週末晚上偶爾的小確幸，是一家人磨合出的微妙默契。

這也是許多家庭的真實寫照：教養雖不是競技場，但教孩子如何吃完一碗飯，不只是教他如何吃完一碗飯而已，而是夫妻信念、意志與權力的延伸，對有些人而言，甚至是「否定我怎麼教小孩，就是否定我這個人」！要喬的，不是「如何教小孩」，而是兩個世界、星球、甚至次元的和平相處。

另一種情況是失和夫妻在教養議題上鬥法，教孩子一致不一致，早已失去焦點，聽我的還是聽你的，才是病灶。這個家已陷入麻煩，討論教養是否一致，只是拐彎抹角進行夫妻權力鬥爭，對孩子最好的是雙方皆放下指責的手。

夫妻間的一致，沒有「自己間的一致」來得重要

「熱臉貼冷屁股」是許多人在努力調整婚姻關係時最大的感慨，雙方能一起改變當然完美，但只有一方的成長與變化，多少也能幫助彼此在教養議題上達到較多的共識。若一方的努力，能讓雙方更理解、尊重彼此，但教養上始終遂行己意，無法也不想達到共識，或許最阿Q的想法是自我安慰，只要各自觀念與做法不影響身心健康，孩子雖然會在不一致中找漏洞鑽，但不會因此就全盤崩壞，人生完蛋。

最後一個溫馨小提醒，夫妻間的一致，也許沒有「自己間的一致」來得重要。也就是說，今天孩子打翻牛奶，馬上呼巴掌；明天打翻，沒事，

還幫孩子再倒一杯。這樣以心情好壞決定、毫無邏輯章法的教養，才真會養育出缺乏安全感、心神不寧的孩子。

在夫妻合一之前，我們先求自己情緒的穩定，不隨意遷怒孩子，讓自己對孩子的要求一致，更是重要且關鍵。

◆**父母厭世語錄**：教養一致是很重要的事，我學了這麼多，就是為了讓兩人都能用最好的方式教小孩，為何另一半都不願意反省，改變自己呢？

◆**醜爸勸世良言**：每個人都希望自己的方法先被接納，至少我也是孩子的爹或娘，憑什麼變成一言堂？讓婚姻問題在教養問題之前被看見，只要不傷及孩子基本權利，兩人（甚至其他照顧者）的聲音、想法都有重量。教養一致是理想，不是必要條件，父母間的尊重與同理，以及「自己言行前後的一致」更重要。

第三部

致你與孩子：
「你的孩子永遠是你的孩子。」

無論孩子此刻像個天使還是魔鬼，
教養永遠沒有最理想的方式。
相信你的盡力，成為每個當下最完美的父母；
相信孩子能感受到你真誠的存在，你的孩子永遠都是你的孩子，
你們都會好好的。

ONLY YOU !

Only you can make all this world seem right.
Only you can make the darkness bright.
Only you and you alone can thrill me like you do.
And fill my heart with love for only you.

談到親子關係，腦海便不自覺播放這首無數人傳唱的曠世名曲。雖然歌詞傳遞出的信念跟情感，可能讓許多父母覺得厭世，好似孩子正在身上爬來摸去，口水、鼻水、淚水，各種體液在臉上融合發酵。

「醜爸我知道！你說的是孩子內心對父母的渴望，並不是說物理身體上很想跟父母黏在一起，對吧？」

孩子有可能不想跟我們朝夕相處沒錯，不過在某個階段前，父母獨一無二的存在地位，還真是貨真價實，無可取代。

但別以為我要開扯孩子〇．五歲到兩歲間的親子依附關係有多重要、六歲前是孩子〇〇ＸＸ黃金窗戶期、巴拉巴拉的，我們要面對的是很真實的大時代、無可推諉的責任。

請聽我繼續唱下去——ONLY YOU……

小時候療癒我們的大環境

我成長時代的南港，是個沒落、不受重視的工業區。兒時的家一出巷口就有片空地，散落各樣工程廢棄物，木材、鐵條、鋼釘、塑膠管，及大小顏色不一的野狗隨意棲息。住家一樓要不是開店做生意，就是老人家拉出桌椅、板凳，連綿數街口泡茶、嗑瓜子，或是做家庭代工，聊天、顧孫兼添補家用。

小孩下課，週末時路上閒晃，拿起塑膠管衝散野狗群，實在很抒壓（醜叔叔小時候不懂事，小朋友不可以學喔……是說現在野狗也很稀少了）；鬼針草大戰、芒草箭亂射、野草地抓蚱蜢比大小，一小段路就是兒童遊戲場。邊走邊叫人下來玩，每家的阿公阿嬤還會招待茶水點心，耳提面命：「你別這麼皮，等一下你阿公來，我跟他講。」對了，還有樓下大水溝裡的蟾蜍、蝌蚪，是放學家裡沒人時排遣寂寞的好伴侶。

這是三十年前的台灣，相信很多人跟我有一樣的記憶。「父母陪伴」洗蝦米？你我其實說不清。在當年的城市裡，有母親專職相夫教子的核心家庭，但更多屋簷下是雙親忙著餬口，孩子學習照顧自己。爸媽雖是主要照顧者，但還有三代同堂的長輩幫忙，以及周遭的大環境也擔負起看顧提攜我們這一世代小屁孩之責。從這一角度來看，沒有隨便養、隨便大的孩子，我們滋養在集體的呵護裡。

現代的孩子，如何照顧自己？

心情鬱悶時，你是如何照顧自己的？

簡單舉幾個例子：滑手機、看新聞、在社群媒體抱怨、打屁；吃個零食，舒緩心情，咀嚼中享受小確幸；樓下閒晃，繞路小七，領個包裹，買罐台啤；掄起電話，打給麻吉，幸好此生有你。

那麼，你的孩子心情鬱悶時，如何照顧自己？

可以開電視、滑手機、玩平板？就算可以，也要經過父母同意；可以開冰箱、喝飲料、吃零食？就算可以，也要經過父母同意；開門去樓下走一圈，呼吸新鮮空氣？就算可以，也要經過父母同意（與陪同）。誰是麻吉？誰可以接聽他們的心？孩子現在只有你。

孩子當然可以自己玩、看書，有手足的，還能胡鬧瞎搞到父母火山噴發，但沒有你，孩子如何撫慰自己？也許比孩子高出三顆頭的我們，厲害的不是成熟的情緒管理、認知思辨、應對進退能力，而是我們擁有更多資源與權力，可以決定如何照顧自己。

沒有人做錯，這是父母的時代任務

大環境不同，能提供的呵護與看顧也迥異，現代父母扛在肩上的陪伴責任，跟上一代相較不知重了凡幾。沒有人做錯什麼，在出門和危險畫上等號的今天，這是現代父母的時代任務。

在幾十坪的空間裡，孩子擁有的最大資源就是我們。我們當然可以訓練孩子獨立自主，但「訓練」本身，即是陪伴的一部分；且在孩子真正被賦予權力（或是他們決定以所謂的叛逆硬搶過來）、可以做決定之前，獨立自主仍是在父母的允許與指導之下完成。

「陪伴」不需要時時刻刻精心設計、照顧到孩子最幽微的心理需求；陪伴不崇高，也非對父母的苛求。陪伴，是在告訴孩子：你成長過程中經歷的（幾乎）一切，都有我的參與——無論做得好不好，我都在這裡，請放心。

只有我們，只有我們的存在，只有我們的存在與陪伴，可以帶給孩子發自心底的安全與喜悅。

ONLY US.

後記：雖說這是個大環境對孩子相對不友善的時代，但我們仍能努力營造「讓孩子可以為自己做些什麼」的空間。

越來越多個人與團體，例如還我特色公園行動聯盟，奮力嘗試為孩子贏回更多在公共空間「像個孩子一樣活動」的權利。

沒有人喜歡被影響，但在捷運上遇見躁動的孩子，或閃過人行道飛衝而來的學步車時，可以緩個幾秒，想想看，也許那孩子正嘗試不透過父母來滿足自己？

現代社會有其主流規範，但放下批評，我們可以怎麼做，讓孩子能在大環境得到滋養，而非僅只承受「不尊重人」的罵名？

◆父母厭世語錄：小孩很煩，什麼都要媽媽／爸爸，就不能自己想辦法搞定嗎？

◆醜爸勸世良言：如果小孩可以自己開冰箱、滑手機、刷卡、開門去樓下閒晃，也許他們真不需要父母也說不定。相較於上個世代，如今陪伴孩子是為人父母的一大使命，但我們不須要求自己完美呈現，覺得煩、想休息，都是合理的。

對你愛愛愛不完？

每個人有各自形形色色不能踩的雷（標明了是雷，就多少有邀請人家來踩的意味），但身為父母，有些雷卻像歷史共業般陰魂不散地跟著我們，無論老小親疏，踩下去事情就大條了。例如：「你怎麼這麼寵小孩啊？」的「寵」字，瞬間失去象徵緊密關係的魔力，成為全父母公敵，欲除之而後快。

沒人喜歡被說「寵」或是「溺愛」小孩，因為等於直接宣判為不適任父母，孩子也被貼上「問題兒童」標籤。然而，這份謹慎、緊張、焦慮、恐懼，真的就能置父母於不敗之地，免於被指責不會教小孩的罵名？

一位溺愛孩子的父親

「孩子在房間哭鬧二十分鐘？這不是育兒基本款嗎，醜爸？」

現代父母讓心情壞的孩子哭個二十分鐘，並不少見，甚至有些專家認為，如果父母撐得住，讓孩子好好哭一場，無傷大雅。只是在三十年前，有一個小學生滿腹委屈，衝進房間，甩門鎖門，不讓任何人進來，也不聽勸，咿咿啊啊鬼叫二十分鐘的同時，父母只是在門外柔聲相勸。尤其是他的父親，用盡各種好言好語、利誘，總希望在最後大抓狂前，兒子能回頭是岸（但經常不如願）。

那位爸爸是我父親，每當他在房門外安撫我時，阿嬤總會在一旁碎唸他：「沒有爸爸的樣子。」「溺愛小孩。」「哪有人這樣縱容小孩鎖在房間裡鬧脾氣，自己卻站在房門外低聲下氣？」但我爸爸不以為意，仍是每次願意給我機會，至少在當年，讓我擁有了其他男孩幾乎無法想像的恣意哭嚎二十分鐘。

而這位親友眼中被溺愛、身材高大卻愛哭膽小、一點小事就玻璃心碎滿地的孩子，現在有能力在自己的小孩哭鬧時，聽見聲音中的言語，感受言語中的情緒，並以簡單的回應（雖然也有大吼「吵死了」「閉嘴」）結束衝突。除了專業訓練與經驗，幫助我可以在喧鬧中暫停，接觸對方內在的，也許就是童年期經歷了他人口中的「溺愛」。

誰可以決定誰溺愛誰？

雖然人類自有文字以來，已記載成千上萬小時了了、大未必佳，或者不鳴則已、一鳴驚人的生命故事，我們仍否認自己在經驗上的有限性，刻意忽略生命的各種可能性，「自以為」可以預測一個孩子未來可能的樣貌：「這小孩從小就被寵、不做家事，長大一定沒責任感！」「爸媽從不打他，超級溺愛，這孩子出社會一定不能吃苦！」「要什麼有什麼，爸媽都不敢說不，這種媽寶以後肯定變啃老族！」

我們對他人教養模式的責難與輕視，經常來自於對自家情況的擔心與害怕。父母們好像都站在「好—壞」的翹翹板上，證明別人溺愛、不會教孩子，把不稱職父母的重擔壓到他們肩上，我們就可以步履輕盈，昂首高升，走上好棒棒的那一端。

然而，是誰賦予誰任何權力，可以宣告誰對孩子的愛過多或過少，誰的舉措會造成孩子一生無法挽回、彌補、轉化的錯誤？

「醜爸，批評人是不好，但真的有父母會溺愛小孩，這無法否認。至少當我們懷疑自己就是那個愛太多的父母時，可以怎麼做？」

雖然我相信父母已盡力在愛孩子，所謂的溺愛，可能是人生階段過渡期的一種反應，不一定是什麼重大錯誤。但如果在自我省思、覺察後，想在教養上做一些調整，有幾個方向可以試試看。

愛孩子的幾種可能

我們對「溺愛」的刻板印象，是小孩無理取鬧，父母束手無策、搖尾乞憐，小孩跟大人角色倒轉，父不父、子不子。溺愛的樣貌當然不只如此，但這個典型例子，指出一關鍵要素：匱乏。

一個不斷討索到沒有節制、不講道理、甚至攻擊父母的孩子，內在可能缺乏安全感，對於「夠」與「不夠」的界線，很不明確；或者，孩子發現父母極度依賴子女，於是只好成為一個無法長大的小嬰兒，滿足父母內在如無底洞般的焦慮。這麼看來，父母同樣也可能缺乏安全感，溺愛不過是掩飾自己不知所措的精美道具。

有三個方向，可以讓我們看看，自己和孩子內在的匱乏感，是否影響了親子關係？但先提醒大家，所有的「可能」都只是可能，是灰色地帶，別急著幫自己歸類、貼標籤，先嘗試覺察自己的狀態。

是否過度關注孩子？有時對孩子「無微不至」的照顧，透露出的是父母「不想面對其他問題，只能將全副精力放在孩子身上」。這種情況最常在婚姻失和、主要照顧者間無法溝通的家庭中出現。另一種情況是，父母亟欲控制孩子人生中的每一步，啟動所有資源，務必做到電影《全民公敵》般滴水不漏的監控。父母剝奪了孩子在人生早期學習如何跌倒、再站起來的權力，也許是現代社會最常見的「溺」愛（這裡的「溺」＝把孩子壓在水裡無法呼吸）。

孩子有無過度討愛？同樣的，「過度」與「討愛」並無絕對標準。過度討愛並不是隔壁家小孩柔柔可以自己坐著看書、做手作一小時，而我們家小孩恩恩不但要唸書給她聽，連離開兩分鐘泡個咖啡，都要聽她大聲計時。相對於孩子的討愛行為，「照顧者的反應」更需要好好理解。

例如，孩子遇到挫折，情緒滿溢時，照顧者可以花些時間安撫，讓孩子知道這些不舒服的情緒是正常的、是被接納的。待孩子可以溝通、思考時，再和他梳理事件是如何引發情緒的。

這些過程非常不容易，每一位照顧者都需要學習，但請勿逼死自己要每次都做到。如果照顧者遇到情緒即「幫孩子解決」，可能是轉移注意力，例如開電視，或者用威脅利誘，要孩子馬上切斷感受，那麼孩子下次遇到同樣、甚至是程度更輕微的情況時，只能繼續轉向父母求援。

如果覺得孩子很黏、很煩，可以想想，自己是否為他們承接太多？親子都需要學習泡在情緒裡，一起整理，再慢慢走出去。

自主行為能力是否疲弱？如同上述，孩子學習自主行為能力的快慢好壞，無絕對標準，要注意的仍是照顧者如何面對。揠苗助長，或頻頻代勞，不願孩子承受成長痛，都可能讓他們視「自主」為畏途。然而自主是人的本能，渴望展現獨立又與眾不同的一面，倘若照顧者因自己的擔心而剝奪這重要但艱辛的學習歷程，缺乏「在困境中鍛鍊」的孩子，也是被溺愛了。

看完以上三點，如果覺得自己真溺愛孩子，請勿自責，我相信你也是盡力的。

請暫時放下一點對孩子的擔心，改為多花些時間在自己身上。當我們部分的注意力轉移到自己，直接面對屬於我們的課題，孩子將有更多空間長出力量，在生命旅途踩踏出自己的腳印。

◆**父母厭世語錄**：我好擔心自己寵壞孩子，就像誰家那個○○○一樣！

◆**醜爸勸世良言**：每個看起來溺愛孩子的父母，可能都是盡了洪荒之力。如果覺得親子關係還有可以調整的地方，請先不要擔心孩子會長歪，把注意力放在自己身上，先學習不讓孩子承接我們過多的焦慮，讓我們的問題是我們的，孩子可以不受影響地在面對自己的課題中成長。

「陪」或「賠」？陪多久才夠？

「請問怎麼樣的陪伴，才算足夠呢？」

「父母追尋自己的空間或夢想，是錯誤的嗎？是剝奪陪伴孩子的時間嗎？」

ㄆㄟˊㄅㄢˋ，是「陪伴孩子」，還是「賠掉另一半」？另一半是自己的人生下半場，還是那個叫先生或太太的另一半？

「父母應盡可能陪伴孩子」已成為社會普遍認同的價值，上個世代的雙薪家庭為了拚經濟所形成的隔代教養，大家覺得無可厚非；這一代的父母卻因為環境變遷，不僅擔心隔代教養對孩子造成影響，還須自問：「陪到什麼程度，才夠？」

另一邊卻有質疑現代父母過度陪伴的聲浪，「媽寶」是最寫實的例子。從幼兒園到小學，老師們不斷鼓勵媽媽爸爸要放手，從洗餐碗到寫作業，給孩子機會學習自主。

兩邊聲量震耳欲聾，家長在中間游移不決。親子間的關係題，幾乎不會有標準答案。陪孩子多久？會不會賠掉自己？解答都得自行尋覓。

尋覓的過程可以想想，陪伴孩子滿足了你什麼？有哪些渴望、夢想，對自己是不可言喻的重要？除了你，孩子在成長路上擁有哪些資源，是可以運用的？

陪伴，滿足了什麼？

陪伴是雙向情感交流的過程，即使看似孩子的需求遠大於父母的，但獲得的滿足感，親子間也許不相上下。賀爾蒙、養育的本能、親情、責任……讓我們首次體會到自己的強大與重要。陪伴孩子讓我們可以愛、也完全地被愛，這滿足雖然絕無僅有，卻無法用來解決內心深層的匱乏感。

匱乏感可能來自憂傷的童年、不幸的創傷、嚴重的意外，或互相傷害的親密關係。每個人的心都會受傷，處理得好，雖仍隱隱作痛，但不至於嚴重影響生活其他層面；若忽略掉，或認為不需要處理，傷口將漸漸形成一個黑洞，每一分快樂都無法化成滿足感，在那之前都已被吸入洞裡。

在嬰幼兒期，孩子用盡一切從父母身上得到愛與關注，匱乏的父母可以無止境地給，孩子也樂得依賴。然而隨著成長，可以滿足孩子的對象持續增加，父母卻發現真正在乎我們的人逐漸減少。「孩子是我生命中最重要的人」這句話在青春期前的某段時間，會和「父母是我生命中最重要的人」一起達到巔峰，但接著父母之於孩子的重要性遞減（至少在心理上的），孩子之於父母的重要性卻可能不減反增，甚至為了維持在孩子心中的地位，在親子關係中加進許多本來不存在的焦慮、控制，以及勒索。

「醜爸，我怎麼知道自己有無意圖透過陪伴孩子，來消弭匱乏感？」

可以想想：親子關係是否大到無可比擬，以至於與父母的、伴侶的關係都變得可有可無？陪伴孩子時，多少心力放在孩子有沒有好行為、孩子有沒有想像中開心？滿腦子孩子、孩子、孩子，你呢？在陪伴中你可以放鬆，還是需要不斷確定一切有沒有照著計畫走？孩子的需求是理所當然的第一優先（嬰兒期沒話說），他人質疑，馬上遭你白眼伺候？

陪伴孩子多久是個假議題。能否從陪伴中感到滿足，還是汲汲營營，計畫再計畫，努力再努力，期待成為每個人眼中的好父母、孩子眼中的唯一？這才是我們需要多加關注的課題。

我和我追逐的夢

夢想、理想可能是匱乏感的另一面（天啊，好討厭的匱乏感）。例如，對工作有強大使命感的人，需要的是無止境的外部肯定，唯有看到在競爭中不斷升遷、調薪、跳槽到更大的公司、拿到更肥的案子，才覺得自己很可以。也可能透過追尋理想，逃避在家庭遭遇的困境，甚至除了叫我整天帶孩子，做什麼都可以。

其實，因為匱乏、一心逃避而衝衝衝，不是什麼沒心沒肝的藉口，但我們又會因為缺乏時間陪伴孩子，而幫自己加一條「罪惡感」。若你是如此多感交集，建議花些時間精力在整理自己的內在需求上，越能面對過去的困難對我們的影響，越能增加面對現在難題的力量。

同樣的，為了更穩定的財源、獨立的經濟能力、提高自我價值，而去追尋自己的空間與夢想，都是無可厚非。倘若你自我控訴「自私，沒有善盡親職」，進行自我成長能助你緩解擔心；若苦惱「別人覺得我不是個好媽媽／爸爸」，請把那些人寫下來，好好地問自己：讓他不開心，你要付出的代價是什麼？是代價太高付不起，還是不甘心付？

跟孩子一起擴建陪伴的資源庫

「醜爸，從工作中我獲得極大滿足感，育兒只是人生的一部分，我並不想透過和孩子的關係，來彌補在其他關係中的遺憾。我只是想讓孩子有個被好好陪伴的童年，可以魚與熊掌兼得嗎？」

呃……魩仔魚跟貓掌可以嗎？（不好笑）

前面提到，孩子會不斷擴展自己可以建立安全感的對象，恰恰和父母持續限縮對象的趨勢相反。所以，在我們又老又皺又宅之前，「擴展資源」是可以為孩子做的。這需要我們從孩子的、而非我們的需求為本位來思考。例如，你跟公婆關係不好，但他們仍是孩子的長輩，讓他們學習彼此相處，也是種陪伴；同樣的，保母、安親班、課後才藝老師，他們可以不只是「要不是拎鄒罵要上班沒空，不然小孩才不會給你們照顧咧」，而是讓孩子學習與不同人建立信任關係，讓他們也可以互相陪伴。

沒錯，你給孩子的時間變少了，但「愛」，並不是用時間計算的。孩

子，還是可以很幸福。

一起過不完美的生活

懷孕以降，我們期待給孩子一個完美、或至少接近完美的成長環境，但實際上，我們給的可能是孩子一生遇見最不完美的環境：第一次被處罰、被罵、被打、被笑、受傷、心碎，孩子在原生家庭沒有力量，尚未擁有話語權。工作可以辭，婚可以離，唯獨父母換不了。

「醜爸，你是想把我們推入厭世的深淵嗎？」

正好相反。上一代以為家該是完美的地方，至少以大人的需求來定義完美，因此孩子活在諸多的否定下，否定感受，不敢期待，拒絕接觸真實的渴望。但如果身為父母的我們，可以接受家的不完美，不一直想著如何讓孩子盡可能活在完美的世界，而是承認從父母開始，不完美就一直存在，家，反而真實，溫暖安全。

家，可以是練習在不完美中接納自我的完美地方；家，不完美，卻能體驗到最豐富的愛。

陪不夠，就不夠吧！誰可以為你衡量父母愛的重量？最好的陪伴，是每個當下對孩子的在乎，不在乎自己渴望的你，何以能真誠地在乎孩子？擁抱渴望，面對匱乏、罪惡感，與孩子攜手探索資源，還能有比這更好的陪伴？

◆父母厭世語錄：陪伴孩子與忙於工作生活之間，該如何權衡？每個人都說陪伴孩子最重要，但怎麼陪、陪多久才夠？

◆醜爸勸世良言：夠與不夠是假議題，能否為自己負責，在面對匱乏感與罪惡感的同時，體驗陪伴中的滿足感，才是真的。這樣的你，在每個陪伴當下，讓孩子感受到真誠的在乎，就足夠了。

「身教」到底要教什麼？

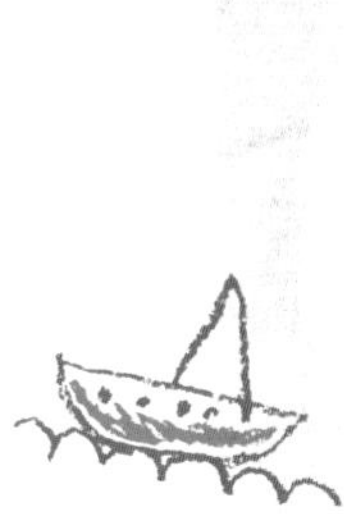

孩子對我們的愛是無條件的。

「無條件的愛」並非要貶低父母、推崇孩子，畢竟「愛父母」有其在生存上的必要性，並非單純的心理因素；只是，孩子對我們完全的信任與依賴，是親子關係能順利建立的重要關鍵。然而龜毛如我，卻也因這個「無條件」，讓我以前對「身教」這事兒存有疑慮。

身教是無條件的模仿？

在我還是醜哥的年代，最紅的男星非四大天王莫屬，其中又以劉德華為最。

當時國中班上，許多人抽屜都會有一面小鏡子跟一把梳子，只要可以，就會耍帥梳出華仔髮型，擺出華仔姿勢，大談《天若有情》《賭俠》《雷洛傳》。華仔就是神，只要讓女生認出華仔在我們身上的殘像剪影，天下就是我們的了。

現在回想，國中生對藝人的愛慕模仿，難道會輸給兩歲小孩對父母的痴心絕對？兩歲小孩大概覺得挖鼻孔的爸爸，姿態之放鬆，手指之靈活，表情之享受，非學不可！

是啊，無條件的愛直接影響的就是孩子「無條件模仿父母」，優點缺點統統學起來。孩子並不會因為我們跟他說「這個不好，不要學」（回頭大叫：爸爸去房間挖），就腦袋洗掉重來。對他們而言，只要是父母做的，學就對了！但也因此讓我理所當然困惑起來，擔心：

孩子一定會學到我的缺點；
我要盡可能減少缺點，增加優點；
但我以為的優點，孩子可能覺得是缺點（於是「教養」他）；
我的缺點孩子有可能會看成優點，但我不要他學（於是「教養」他）；
所以我最好不斷增加優點，減少缺點，教孩子相信這些優點真正好，引導他不可學我缺點。

有人也跟我一樣，從心底冒出這些厭世心聲嗎？

我當時雖贊成「身教就是一切解答」這普世教養原則，「希望孩子成為什麼樣的人，你要先成為那樣的人」「父母就是孩子最重要的老師」，但仍感到惶惶不安。好像隨著孩子漸長，我們就要搬遷到平行宇宙，那裡有一樣的公寓家具和父母，但父母會表現出完美的模樣，若有一絲馬腳露出，也會趕緊用教養消毒，確保身教大業得以運行，孩童身心臻至完美。

但不行，我真的做不到（抱頭）。

把「身教」換成「有覺知地一起生活」

直到我恍然大悟，自己被「身教」這個詞綁住，以為我是一位每天只跟孩子見面幾小時，教導他「正確的事」「最佳答案」「理想情境」的權威人物。但我不是，大部分時間我就是一個會呼吸的正常人，一個會哭會笑，滿心挫折，愚蠢、白目、可恥的中年大叔，不必成為孔劉（孔太太們表示：誰准你提他的！），也能散發孩子想要靠近的爸爸味。

「呃……所以，身教就是跟孩子一起擺爛的意思？」

當然也不是。身教是和孩子一起學習成為「完整」的人，和家人有覺知地一起生活。

完整的人，就是有缺點、弱點的人；缺點、弱點是必要的存在，能改就改，改不掉、不想改也還是我們的一部分。這些改不掉、不想改的部分，通常也是伴侶間互相指責的痛點。如果繼續秉持傳統「身教」，我們可能為了孩子表面上息事寧人，等孩子睡後再吵掀屋頂，日常生活則分別與孩子互動，以避事端，情感卻逐漸冷卻淡薄。這樣做，對孩子哪裡好？

「當然好！至少我們沒有在他面前吵，至少他不會學到那樣溝通！」

就我和許多父母工作的經驗，這些小時候少見父母吵架、但情感冷淡的孩子，長大後的確不會在他們的孩子面前跟伴侶吵架，但也學不會如何和伴侶真情溝通。

父母真的無法控制孩子學到我們什麼，更不用說預測他學到的，會在他自己的生命裡長成的模樣。父母若心心念念於理想呈現，滿足到的是當下的平行宇宙，而非真實的親子情感交流。

可以的話，活得真實，接受缺點的存在，與之「有覺知地」共處。例如有時父母會邊陪孩子寫作業，邊使用手機，或手機雖放下，但整個心神仍掛念公司或其他雜事。當一心多用，大腦會處於高度的「問題解決模式」，而忽略孩子當下的狀態與感受。當孩子造句造不出來、數學題目不會解時，我們只會提供方法，甚至批評他們一定上課不專心。

通常我們會指責那位父母（或是自責）「陪伴孩子不准使用手機」，還轉貼一堆專家好文、科學新知、美國小兒科學會說什麼給他們看，有用很好，沒用呢？繼續指責、繼續轉貼、繼續tag、繼續那些沒有用的繼續？

我沒有更高效的方法，只有一招「覺知、覺察」，用在我自己跟伴侶身上皆是。我唯一要求的，是保持思緒清明，看見現在的狀況：我在用手機，我不專心；孩子不會寫作業，他需要幫忙。待大腦跟心思都切實確認這些資訊後，我可能會出現各種回應：放下手機，好好陪孩子的情緒；繼續滑手機，跟他說去做別的事，等下再來寫；罵他這題不會，就先寫下一題啊。

罵孩子不好，是啊，只是他也會回罵：「我就是不會寫啊！」我再繼續確認資訊、覺察，接著可能放下手機，好好陪他，也可能告訴他再給我十分鐘就好。

教養專家教你要好好說話，但我覺得，有時親子可以互相大小聲，只要盡力保持覺知就好。

對「自己的狀態」缺乏感受

覺知、覺察的困難在於我們無法感受「自己的狀態」，感受自己就是「像孩子一樣」。我們希望孩子學習如何像個大人，但我們也需要向孩子學習如何體驗人生。孩子是活在當下的，對每個經驗保持開放，所以他們會質問、會立即表達不滿。但我們活在平行宇宙，會馬上意圖教養，讓孩子接受我們的標準與理想。這個落差造成孩子挫折又失落，而大人卻渾然無所覺，只能喃喃自語「我這是為你好」。

身為成人的我們，是否允許情緒的流動？孩子難過時會表達，我們允許感受自己的難過嗎？孩子累了，直接躺在地上滾來滾去，而當你累了，允許自己放鬆、休息嗎？倘若連自己「怎麼了」都無法掌握、無法體驗，要覺知、活得真實，自然是困難了（關於覺察，請參考拙著《父母的第二次轉大人》）。

投入在生活裡，就是身教

一家人，需要能享受彼此的存在，包含那些不太讓人愉快的部分，但那些部分，是真實的、是可以被理解的。成天照表操課，必達理想標準，家人便容易一隻手盡量端出好表現，另一隻手把不想被看到的自己深埋到孤單裡。

孩子，希望我們能一直欣賞對方，也嘲笑彼此改不掉的陋習。一起努力成為更完整的自己，不否定、不拒絕，而是相信與接納當下的我們，已經盡力。因為彼此，我們能生出改變與成長的勇氣。

那就是我能給你最好的身教了。

◆父母厭世語錄：身教最重要但也最困難，就算我努力在做，家裡還有（幾個）豬隊友，要我怎麼教小孩？

◆醜爸勸世良言：教養從來就不是父母把一個「好」，完整保存後輸入到孩子裡，孩子即用父母規定的方式理解學習，並用社會期待的樣貌表現。我們能做的，是保持覺知，並讓情感流動，讓孩子擁有可以一起生活學習、又能保護管教他們的真實父母。

負責任就有責任感？

我曾在ＦＢ貼了一篇〈從小做家事，長大一級棒？〉，意圖藉由「做家事」這個父母感興趣的主題，思考「負責任」和「責任感」的不同。透過訓練孩子做家事，我們如何可以兼顧兩者？

「負責任的人當然有責任感啊，醜爸你這篇是在騙稿費吼？」

這兩者在字典裡可能大同小異，我們也不是要比國語文競賽，雞蛋裡挑骨頭，但我想透過區分兩者的不同（用我的定義），和大家一起看見教養的重點除了行為養成外，可能帶給孩子什麼樣的觀念？這些觀念符合我們原本對孩子的期待嗎？

「負責任」跟「責任感」不一樣？

先說兩個你可能也很熟悉的街坊故事（改編自真實人生）：

老王的妻子每天逢人就罵，控訴老王是個糟糕的先生、爸爸。街坊鄰居都不懂為什麼，老王是個好男人啊，認真上班，從未賦閒在家，不偷吃，不睡別的女人，每天準時回家，還每晚準時倒垃圾兼遛狗。這種老公是有什麼不好？

另一個故事，老謝最愛誇的就是二女兒。雖說近來家中狀況不好，但家人還努力挺著，她自己也有家、有小孩要顧，不會去麻煩她，但這女兒有機會就回家噓寒問暖，幫忙買菜，塞個小紅包；可以的話，還陪奶奶上醫院，哥哥就不需請假多添麻煩，幫了大家許多忙。

故事一裡的老王，也不懂妻子在發什麼瘋。論「負責任」，他絕對做好做滿，無可挑剔，所有「該做的事」，都能讓任何人用最高標準檢核，不用人催，自動自發。如果說世上有所謂負責任機器人，選他就對了。

「對啊，他是很負責，但就這樣了！」王妻表示，先生從不會幫忙，除非她因為頭痛、經痛或心痛，已瀕臨崩潰，而他的理由永遠是「我有自己的事要忙」。雖然「到底誰比較忙？誰的事比較重要？」不會有定論，但當原以為可以相伴終身的傢伙，未主動關心就算了，還一副「是妳自己做事沒效率吧」，真是鋼鐵心也會碎滿地。

故事二裡的二女兒，呈現出的是我們熟悉的「責任感」。不是說原生家庭有困難，回去幫忙就叫責任感，而是有責任感的人，通常也有界線，會盡力而為，補上缺口。他們思忖「這關我的事嗎」，同時也考量「我能為整體利益做些什麼」。在決定要做什麼、怎麼做之前，對人的關懷優先被考慮，而非理所當然地事不關己。

從上述兩個故事，「負責任」的人可能只對「自己的事」有責任感；或說，只要能想辦法讓他們相信「這是我的責任」，就會摸摸鼻子把事情做對、做好。如果團體裡的每個人都有能力及意願負責任，倒也挺好；然而，若有人因故無法完成分內事，團體即面臨重大考驗。

許多家庭也正面臨如此問題：伴侶認為他的責任是「上班賺錢」，一直在努力盡責（在家也是），別再要求他「額外」的家務；叫小孩「拿碗去洗」，立即回嘴「那又不是我的碗，我的已經拿去洗了」。不可否認，他們很負責，但我們也都知道，這當中少了些什麼。

你都怎麼做？

培養「責任感」，你會怎麼做？

伴侶的部分先來跳過，畢竟「別人的小孩」我們很難講，一講可能引發森林大火，燒得全家雞犬不寧。對於孩子，我們家是這樣做的。

要想到每個人：小孩自我中心是很正常的。「自我中心」不是自私，是做什麼皆以自己的利益與興趣為出發點，這是因為孩子還沒有辦法顧及他人的需求及感受。接受孩子的自我中心，我們說「你們『會只』想自己」，如果說成「你們『只會』想自己」，就像是指責了。

因此，我不會指責孩子只想到自己，但我會跟他們說，例如：「出去玩收包包，你們會收自己的，很棒；爸爸媽媽除了收自己的，還要幫你們檢查，還要收大家一起用的，還要準備比比（咱家小狗）的東西，所以我們很慢，沒有你們那麼快。想要快點出門，請來幫忙；不想幫忙又想快一點，請去做自己的事，不要一直來跟我們講話。」

這樣說的目的，是和他們一起觀察「其他人在做什麼」「他們在做的事會如何影響我」「現在我有什麼選擇」。除了練習觀察，還有簡單的換位思考，也希望誘發出些許「體貼」。

「你應該把工作分配下去，叫他們一起做！」

我很敬佩能做到全家一起和諧同工的家庭，不是擁有神級父母就是夢幻小孩，或者單純只是我資質愚庸，無法參透。我發現要我們家小孩從頭到尾一起做，需要非常多次的計畫、練習、討論的循環。我也知道如果成功了會很值得，但在身心準備好之前，我情願省去吼叫，自己做又快又準。

而且「分配工作」，還是會遇到「責任感」的養成。孩子分配到工作，完成了，就可以去做自己的事？還是會希望他甘心樂意、主動詢問「我還可以做什麼嗎」？

這個「甘心樂意、主動」該怎麼教？我們可以想想看。

現在五個變四個，我們來想辦法：父母總有破病臥床，或臨遇要事、無法親力親為之時，但每天的流程瑣事不會暫停，放你一馬。當然，孩子不會因為父母力有未逮，即代父從軍，爸媽軟弱無力，就兄友弟恭。他們也許會更負責做好自己的事，但期待他們燃起熊熊責任感，就太不切實際了。

我會用「戰略」的角度，跟孩子想想：「事情一樣多，但現在少了一員大將，我們怎麼辦？」例如，媽媽身體不舒服，就先列出平常媽媽都做哪些事（這時就可以一起讚歎老木、感謝老木，怎麼可以那麼強大），這些事我們可以怎麼幫忙。也許是一人認領一件，或大家一起一件件完成。

孩子知道這是緊急狀態，並非機車爸媽又在加工作到他們身上，狀態解除後，一切又可以回到歌舞昇平的日子。加上戰略遊戲（請善加利用孩子喜歡的動漫卡通，例如寶可夢）及大家合作的氛圍，會較願意啟動「觀察」（這個家有需要，媽媽平常很辛苦）、「換位思考」（不舒服的時候，我們都想被照顧），以及「體貼」（照顧人的方法之一，是我們幫他完成工作）。

我們都期待培育出負責任又有責任感的孩子，兩者並非相斥的品格，卻也非買一送一般可以輕而易舉兼顧。堅定要求孩子做好分內事，不只因為每個人本就該為自己的事負責，所謂「自己的事」，也多少會影響到家中的其他人。練習負責任的同時，也嘗試觀察、同理、體貼親愛的家人，希望這顆責任感的種子，終將發芽茁壯。

◆父母厭世語錄：什麼叫做「我的事」做完了？啊其他的都不是你的事，就都我的事？不是說很有責任感，現在都撇得乾乾淨淨？

◆醜爸勸世良言：負責任的人可能真心覺得自己很有責任感，因為已經「完成『自己的』責任」。然而，責任感指的是對他人有更多的同理和體貼。負責任也許不夠完美，但先肯定他的負責，從鼓勵觀察別人的需求開始，也許他有天能突破自己的舒適圈。

讚美與鼓勵，分那麼清楚有事嗎？

「讚美與鼓勵，孰好孰壞？」是個方興未艾的話題，尤其讚美可能帶來的副作用，讓我也曾擔心「自以為是在提升孩子自信心，結果養成他們只想吸引注意力」，還下工夫研究兩者，為了相關題目辦過講座。

然而隨著和越多父母探討，我越覺得讚美與鼓勵本來就不一樣，為什麼大家要嚇到吃手手？事出必有因（畢竟我也曾嚇到吃手手），小弟想法如下：

專家指出讚美的缺點：在這場孰好孰壞的大戰中，讚美明顯居於劣勢。

許多專家指出，「讚美」可能帶給孩子潛在的負面影響，例如，孩子會為了想得到讚美而行動，讚美變成外部獎勵，孩子反而失去自主學習的動機。像是孩子疊了三個積木，爸爸大聲叫好，手舞足蹈；過五分鐘又成功疊了三個，一看爸爸正在滑手機……表演沒了，繼續疊高的興致，也可能煙消雲散。

「零讚美」中長大的父母，不容易拿捏差異：鮮少有父母在成長過程中得到長輩讚美，這個失落影響我們在成為父母後，渴望送孩子一個稱好讚滿的童年。雖說如此，「讚美」（其實鼓勵也是）畢竟從未深植在思維中，更不曾出現於我們的詞彙裡，缺乏文化背景，也沒有多年練習，父母不容易分辨自己究竟在讚美，還是鼓勵。

尷尬的是，說到批評、指責、情緒勒索，我們倒是運用自如啊（倒）。

孩子如此嫩Q，發自肺腑地想要讚爆他們：誰能抵抗小嫩嬰每天都有新把戲的無敵魅力？對世界的好奇，圓睜的雙眼，口水流不停，什麼都塞的探索之嘴，一開心就咯咯咯如太陽融化冰淇淋般的笑聲，哦我的老天鵝，不讚美他們，簡直抹滅天地良心！

看倌們見我文字如此失控，不難想像被孩子擄獲的大人們，有多少可能讚譽過頭，讓小人兒們對自己、他人產生不當期待了。

父母請思考「為什麼那樣說」的動機

以上可見，即使讚美真的對孩子有潛在傷害，問題也是出在照顧者的心態和對孩子的期待。只要我們更清楚自己的動機，兩者都能滋養孩子。

在教養路上，我不刻意區分讚美與鼓勵，而是注意孩子當下的需求及我的動機。提供我的想法與做法，一起學習：

孩子的需求是什麼？我喜歡用文字定義和大家一起思考讚美與鼓勵的不同。每當我詢問在場聽眾，大概會得到以下回應：從中文字義看，一般認為我們會讚美有成就的人，所以「讚美」比較像錦上添花；鼓勵通常出現在他人灰心喪志、需要安慰與支持時，比較像雪中送炭。

這是非常棒的答案！接著，我們可以再想得深一點：為什麼我們會想要讚美有成就的人？因為他們的表現或是作品，讓人內心升起讚歎、敬佩，甚至崇拜，相信對方花費許多心力與時間，讓人由衷地表達「肯定」。

讚美背後的核心是「肯定」，也是任何人內心深處的渴望：相信自己是有能力的，能完成許多任務，且被他人、甚至社會看見並給予欣賞。若真誠地肯定孩子，我們會好好觀察他完成了什麼、跟之前的他有什麼不同（沒有不同也沒關係）、是否做了新嘗試，然後把這些觀察跟孩子核對，給予大大的讚賞（＝肯定）。這是每個人都需要的，包括你、我，誰不想每天有一兩件事被心愛的人看見，而且受到肯定？

鼓勵是給予力量：「雪中送炭」真是非常貼切，我們鼓勵的是低潮痛悔，而非神采飛揚的人。鼓勵的英文「encourage」，是由en和courage組成，即是「給予、加諸勇氣」的意思。鼓勵人，是讓一個人有勇氣。

孩子在什麼情況下需要勇氣？你會透過什麼方式讓孩子感覺到力量，願意相信自己，再試一次？有些父母以「長篇大論、說道理」來「鼓勵」孩子，並非不能講理，而是一講再講，能讓沮喪的心，再次被點燃嗎？站在鼓勵的角度，也許孩子需要的是看電影，開懷大笑一場，或是到河濱公園騎腳踏車，讓運動和大自然啟動他自癒的力量？

親愛的父母，你的動機是什麼？奉「不要讓孩子不開心」為圭臬的父母，無論讚美、鼓勵，還是任何和孩子的互動，動機可能都是想要討好孩子，逃避衝突；對孩子的要求只看標準，忽略孩子對成敗的感受，即使安慰，也都是用說大道理的方式，動機是希望孩子能完成自己未滿足的期待、需求。例如孩子的成績未達標準，會被長輩批評、比較，父母感到羞愧，無法在家族立足。

動機出於討好，對孩子的肯定容易趨於籠統、浮誇；只想要孩子完成標準、給出表現，鼓勵便失去溫度，越說孩子越備感壓力，覺得自己要做得更好，才能得到父母的讚美（＝肯定）。倘若對話的中心是孩子，焦點在於如何滿足孩子的需求，無論孩子的表現是成是敗，心情潮起潮落，讚美與鼓勵隨時可悠遊在眼神話語的交流間。挫敗中有亮點等待發掘，輝煌裡我們陪伴孩子精煉對自我的認識與信心。

最後，邀請正在讀這本書的你，想想：你多久沒有「肯定」孩子了？是否孩子越大，你越覺得他們做的一切都是「理所當然」？別說肯定了，你是否還拿著放大鏡一一檢視？

當我們執著在該不該讚美、如何讚美時，就開始對孩子的行為設下高低標：哪些「值得」被讚美，哪些還好，哪些沒扣你零用錢就偷笑了。換個角度想，身為大人的我們，難道真相信「要達到一定標準，才能被肯定」？

我們如何定義肯定，也影響我們如何表達對家人的感謝與欣賞。肯定等同告訴孩子「我看見你正努力著」「你不用棒到讓我開心，也能被我看見」「我對你的感謝與欣賞，是沒有條件的」。

期待生命中的某位重要他人如此肯定你嗎？是的話，孩子也正期待著你吧。

◆父母厭世語錄：讚美孩子要小心？讚美跟鼓勵不一樣？怎麼知道我做得對不對？做錯了對孩子有很大的影響嗎？啊！煩死人啦！

◆醜爸勸世良言：放下搞懂讚美與鼓勵的差異吧！要求孩子達到標準的同時，也要看見孩子的需求。針對孩子的需求給予回應，讓他們感受到你的在乎與肯定，無論讚美還是鼓勵，孩子都能相信自己是被愛且夠好的。

寧可錯放一百，不可錯殺一次？

某年某月的某一天，我和三小朋友及醜嬤在車上愉快地前進著。老木跟我在前座暢聊各路八卦兼針砭時事，小朋友則激動地討論摯愛的寶可夢。

「我覺得甲賀忍蛙最強！」

「最好是，超夢一出來就秒殺！」

「拜託，神獸那麼多，超夢沒有那麼強好嗎？」

眼看無法達成共識，開始玩起了猜寶可夢遊戲：一人敘述寶可夢的屬性、招式等等，其他兩人比誰較快猜出是哪一隻。正當為父的覺得這遊戲挺好，有故事、有競爭、有熱情，突然後面傳來一聲：

「大奶怪！」

蝦咪？這不是平常瀏覽網站跳出廣告視窗才看得到的腥羶用語嗎？這三個是哪來的靈感？醜嬤老人家就坐在旁邊，竟還敢說出這麼驚心動魄的字眼，是要拎北解釋到天荒地老嗎？

雖然內心翻騰，且父親的教誨已到嘴邊，即將發出，但他們似乎不覺有異，還屢屢重複。

事出必有因，我耐著性子問道：

「你們三個，剛剛說什麼怪？」

「沒有什麼怪啊！」

「就……你們在說的那個什麼奶、什麼的……」

「哦～大奶罐啦！」

「大奶罐？罐子的罐？那什麼寶可夢？」（爸爸心裡想，難道有寶可夢情色版？）

「就跟乳牛一樣啊，很多ㄋㄟㄋㄟ在肚子那邊……」
「所以是隻牛？」
「對啊～～～」（繼續無視父親，玩遊戲去。）
嚇死老父我，還好剎車成功，否則毀了孩子興致，也錯罵得離譜啊。

寧可錯放，不可錯殺？

許多人童年都有被「錯罰」的經驗，也許是罰錯人、罰得太重，甚至是莫須有罪名。被錯罰的感覺異常糟糕，因為除了皮肉痛，對成人的信任也面臨挑戰，發現不但公平原則因人而異，那些高我們兩顆頭生物的判斷能力，也不過爾爾。

不過真有人相信，寧願錯罰到底，也不能讓任何「錯放」發生。亂世梟雄特愛如此，例如，曹操為了自保，曾說出「寧可錯殺一百，不可錯放一人」的名言。在動盪不安、人與人之間缺乏信任、公平正義尚嗷嗷待哺之際，也許合理，然而在現代承平之世，司法體系多追求「寧可錯放一百，不可錯殺一人」的精神，涵蓋了人權、邏輯推定、統計分析等諸多學理的思辨。

我們不深入討論孰是孰非，只是邀請你一起想想，在「教養上」比較偏向哪一邊？錯放一次，小孩就會向天借膽，以後無法無天？錯殺一次，是否讓你晚上無法安眠？放與罰之間，衡量的那把尺，是否清晰可見？

每個「錯」的背後，都有孩子的需求

我的道德標準與正義感只能算及格，人權意識也僅水平面以上，但我盡力做到「寧可錯放一百，不可錯殺一次」，因我相信，每個「錯」的背後，都有孩子的需求；看見了需求，要疼要放、要殺要剮，就是個人造化了。

孩子要什麼？指的不只是物質、行為上的滿足，還有大量心理、內在的呼聲在召喚我們。孩子不見得能準確感知自己的需求是什麼、如何滿足、由誰滿足，再加上照顧者的身心狀況需要考量，孩子「滿足需求的方法錯誤」是常見，且可以接受的。例如，媽媽跟奶奶在講電話，小孩跑來在電話旁大叫「阿嬤、阿嬤」，當電話遞給她又跑走時，很可能不是在搞你，而是想要吸引注意力。

孩子需求百百種，要照顧者目明神清，日夜觀察，才能窺見一二。疏漏難免，但我們一定可以畫出栩栩輪廓。

以下列出幾個常見、但不容易看見的需求，盼望每位關心孩子的照顧者，能把清單繼續延伸，最終內化到你我心裡。

需要陪伴：我們也許正生活在有史以來「小孩最需要父母陪伴」的時代。隨著大自然的遠離與環境變遷，孩子的身心需求，無論輕重緩急，都需要父母的陪伴。孩子心情不好時，可以跟父母一樣滑手機、喝飲料、跟朋友練瘋話、快樂網購嗎？當然孩子有其他抒壓管道，但跟父母相較，實在少得可以。他們的壞脾氣、講不聽，是否是在召喚你的陪伴，只是無法精確說出？

累了、倦了、餓了：其實照顧者跟孩子都很容易心若倦了，淚也乾了，但成人堅信超強意志力與忍耐力可以戰勝一切，孩子則沉醉於瘋狂世界，無法覺察自己的疲累而按下暫停鍵。

無論是誰，在人人急驚風的世代，都需要辨別自己和他人這些最基本的身心需求。孩子處於暴躁易怒中，也容易引起父母焦慮，而消耗更多能量（就已經夠累了，還想怎樣）。給自己一點時間觀察，孩子跟自己是否該放下一切，好好休息？

渴望成就感：有次帶老三到大安森林公園遊樂場，遇見一家五大正陪伴一小溜滑梯。孩子約莫一歲出頭，剛學會走，搖晃著要走到另一邊的滑梯。小手剛扶到滑梯的那一刻，五大瘋狂了！拍手叫好，呼聲震天！老三斜眼看著我，說：「這有什麼嗎？」爸爸趕緊把她帶走之餘，也不禁想：「是啊，這沒什麼，但我以前也是這樣，對你們三個的每一步欣喜若狂。」

可是曾幾何時，這些欣喜若狂不見了，取而代之的，是每日的碎唸與不滿。是孩子變糟，還是我標準太高？我們似乎在某個年紀之後，開始把孩子當成「大人」，也就是相信孩子所做的每件事都是「理所當然」，是「應該的」，就像我們對待身邊的每位大人，包括最親密的伴侶，也是一樣。三歲的鬼畫符會得到滿堂采，八歲的國語作業會被挑錯到無語問蒼天。

沒有錯，長大了，很多事都要會、都要精，都要做到沒有一百，也要有八十七，但，我們如何得到成就感？於是在校沒有、回家更慘。成就感是什麼？能吃嗎？媽媽沒有、爸爸沒有、小孩沒有，一天沒有、一週沒有、一年沒有，何止是個「慘」字了得！沒有成就感的孩子，在家裡的行為能多合大人心意呢？

「醜爸，但就是做得不夠好，怎麼肯定、怎麼能有成就感呢？」

倘若放不下「標準模式」思維，至少我們可以學習阿德勒學派教育工作者所強調的「感謝」，每天試著感謝家人吧！無論是如何的理所當然，這些看似不起眼的付出，畢竟成就了我們一天最基本的舒適。

為此，可以看著孩子、伴侶和鏡中自己的眼睛，好好說聲「謝謝」嗎？

我是老大！想當老大，人之常情。想要控制、想要決定，體驗自我的力量，同時也和被尊重、被信任的渴望相關。然而大多數的父母成長在「權威高壓」的家庭中，成為父母後，容易把孩子人性正常發揮的需求，看成是「鴨霸」「無理取鬧」「沒有同理心」。

父母當然不需要因為這樣就「退居二線」，讓孩子成為一家之主（請參閱本書〈對你愛愛愛不完？〉）。只是，看見了孩子這個需求後，可以問問自己能否允許在「這件事，這個時間，這個情境」下，和孩子一起練習「作主」？

例如，孩子可以決定去哪家餐廳，但要付出什麼代價？像是「你選的，那你自己要吃完喔」，而非視之為胡鬧行為，嚴加責罰。

做了，會怎樣？

「明知山有虎，偏向虎山行」是人類文明演進的重要動力之一，如果沒有那些不怕死的先進，很多新玩意兒也許不會，或者會延遲數百年才問世。這種讓大人摸不清、搞不明的「壞行為」，你仍可加以管教，讓孩子知道「後果是什麼」「他該如何看待這樣的後果」「對別人的影響」「別人如何看待這樣的影響」。

在文章一開頭的例子中，我的「剎車」即起因於這個「相信」：當下我感覺到「被測試」，孩子好像刻意大聲嚷嚷女性的胸部，來看我會如何反應。但我相信即使「刻意」，也是因為在心裡某個角落，他們很想知道：「做了，會怎麼樣？」

我當然要讓孩子知道做了會怎麼樣，但不須讓自己耽溺在自以為義的憤怒與權威裡，而大發脾氣。好好教孩子就是了。

毋枉毋縱是最高原則，但畢竟本人面醜心惡，為了避免傷及無辜，我情願選擇持續練習「寧可錯放一百，不可錯殺一次」。孩子的惡出於本能的需求與衝動，我們當然還是要教孩子，只是在教之前，我想先看懂他。

◆**父母厭世語錄**：錯罰會傷害親子關係，我也會自責；但錯放會不會讓他覺得自己僥倖逃過，下次變本加厲？

◆**醜爸勸世良言**：孩子的需求有時會透過不當行為表現出來，事出必有因。我們先想「孩子要的是什麼？可以如何滿足？彼此要付出什麼代價？」後，處理的方法會慢慢成形。當賞罰轉化成和孩子一起學習、成長，是錯罰還是錯放，就沒那麼重要了吧。

準備好懲罰孩子了？

當父母真是關關難過，想當年，我剛從臉書接觸親子類文章時，最火的話題之一是「可以體罰孩子嗎」；短短幾年，現在大家傷腦筋的是「可以處罰孩子嗎」。

我曾多次詢問父母真實的想法，得到的幾乎都是：「媽呀，不打已經阿彌陀佛，連懲罰都不行的話，老身實在受不住！」但爸爸媽媽就是可愛，做不到還是想學、想為孩子突破自己。

網路上有許多專家引經據典，甚至舉出自己成功典範的文章、書籍，可多參考。但如果你是對一個「想要不處罰，但幾乎每天都脫口而出要處罰」的爸爸怎麼想、如何做有興趣，請繼續看下去。

處罰有沒有用？

當然有用啊！不然你跟我哪能有工作、有飯吃，還有閒時間看書！我們的父母不就是一日幾小罰、一月一大罰，搭配一些收攏人心的獎勵跟話術，把我們養成現在這副國家棟梁樣？處罰是在階級、威權下的必然手段，如果這也是你家庭教育的模樣，不處罰還真不知道要怎麼教小孩。所以關鍵在於先確立「想和孩子建立什麼樣的關係」，處不處罰，會更清晰。

如果你和我一樣，想和孩子建立可以對話、互相尊重的關係（完成度達到多少百分比就先不管了），來跟我手牽手，更進一步認識處罰。

處罰簡單分為兩種，第一是施加讓孩子不舒服的刺激，例如體罰；第二是拿走某些孩子喜歡、甚至需要的東西，例如沒收玩具。兩者的目的，都在改變孩子的行為，一開始都挺有效的，但會帶來以下負面影響：

你不一定是對的：在相對平等，可以對話、討論的關係裡，對與錯沒有想像中的絕對。經常照顧者不了解事件的全貌，貿然懲罰反而讓整個處理不公不義，甚至只是圖大人方便，而沒有真正解決問題。

背後的需求沒被看見：承上述，孩子許多不良行為背後，躲藏著單純的、需要大人滿足的動機。例如，想要陪伴的男孩，故意拿走媽媽的手機；想要證明自己做得到的女孩，從冰箱拿牛奶卻不告知父母，灑了一地。動機單純且「無預謀」，卻因為行為後果被懲罰。

來陰的：若驅動行為背後的原因是單純且原始的，懲罰即容易成為孩子「來陰的」幫兇，在手足相處間屢見不鮮。例如，三歲弟弟想玩五歲哥哥的玩具，全新的 TOMICA 交通世界創意軌道組！但哥哥不給玩，且媽媽說要得到哥哥同意，不然打打！想玩（實在不是三歲孩子可以控制的）又不想被打，只好「趁哥哥不注意去摸兩下」，結果可想而知。

報復心態：雖然我們心中似乎都有綺想幻影，相信「懲罰」會帶來脫胎換骨、人生迎向璀璨星辰，但即使真有可能，也不會發生在小小年紀；就算發生在大大年紀，也牽涉到許多其他因素，懲罰大概只是聊備一格。事實真相是，懲罰經常帶來孩子的怒氣及反抗，尤其發生在手足衝突間。

手足間的衝突可比夫妻吵架，沒人看得懂，也無人理得清，倘若阿木自詡公正廉明、我佛慈悲、神愛世人，硬要主持公道，賞善罰惡，勢必造成有人心有不甘，為下一波衝突埋下遠因。懲罰於是帶來另種形式的互相傷害——報復是也。

決定要不要處罰前，先思考看看

這個簡單流程圖，正好描述了每日的教養現場：

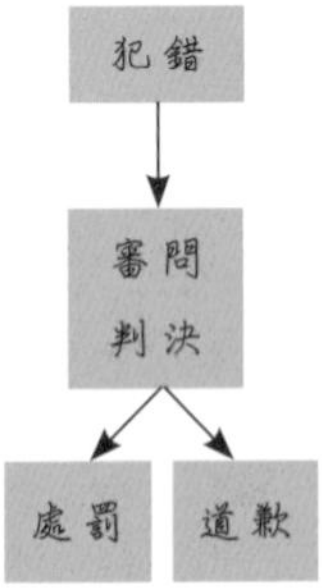

如果你跟我一樣對懲罰有疑慮，想做些調整，請一起透過上圖問自己幾個問題：

犯錯：孩子犯錯是否因為衝動？衝動可以控制到萬無一失？不行的話，願意接受孩子十次有幾次是因為衝動而免於處罰？不同孩子的衝動控制能力不同，如何面對？

如果不是因為衝動，會不會是能力不足（當然，這兩者可以放在一起看）？要求孩子安靜十分鐘，真的做得到？孩子現在就需要父母，而無法遵守規矩，是種錯誤？不是說父母要有求必應，但當孩子能力不足以完成指示時，懲罰有意義嗎？

審問／判決：處罰前總要分清是非對錯，但首先遇到的第一個問題已如上述：大人不一定是對的。而且，大人可以法官兼檢調？就算可以，孩子被允許聘用律師，還是只能用不成熟的語言能力，在嚇得要死的情緒狀態下跟父母囁嚅辯解？

找律師是開玩笑，然而我想和大家一起思考的是，有多少時候我們憑恃強大的能力與權力，隻手遮天影響真相事實，壓得孩子喘不過氣，根本無公理正義可言？

處罰／道歉：孩子有能力理解處罰和「不當行為」間的因果？會不會處罰到「衝動」，結果越處罰，越讓孩子無所適從？即使處罰得很精確，孩子也很懂，但如果忽略滿足孩子背後的需求而讓他一犯再犯時，如何處理？越罰越重？

小時候醜爺爺都是拿著棍子大吼：「下次再犯就打到你○○ＸＸ！」但實際上從沒發生過（不然現在我哪能出書騙財）。孩子的皮只會更硬，你我筋骨卻日益鬆弛，比兇狠？我們還是洗洗睡吧。孩子的內在是浮動的，在他們還缺乏足夠的能力與資源滿足自己時，需要我們一次次陪伴練習。

不處罰，我會這樣做

我仍和各位一樣，在痛悔與再試一下的苦海中載浮載沉。生活壓力與三個小孩的穿腦鬼叫，讓人無法不貪戀懲罰表象的魔力，但一時片刻力量足夠時，我會提醒自己，第一步不是興師問罪，避免指著孩子的鼻子大罵：「為什麼？」

一是你得不到好答案，就算得到了，當下只會顯示出你的衝動莽撞、愛亂罵人；二，孩子的內心戲可能是：「我不是故意的，就是不小心。」「我做不好，但不想承認。」「我怕跟你說會被罵。」或是被罵傻了，根本說不出話，覺得很丟臉，充滿怒火，一語不發。

如果處罰的目的，是要「讓孩子知錯，學會負責，避免再犯」，「知錯」肯定是最重要的。當一個人被指著鼻子痛罵時，你可能沒有指鼻子這個動作，但孩子感受到的威脅和壓迫是一樣的。他有辦法走進自己的內心，承認錯誤嗎？被老闆痛罵工作績效差，誰有辦法真心承認，業績翻個兩、三倍？

為了讓孩子知錯，同時也做到善後（其實對忙碌的現代父母來說，這可能更重要），在不處罰的前提下，我的步驟是：

1. 不指責，大家先一起解決問題。

2. 請孩子清楚說出，剛才發生什麼事？他扮演什麼角色？做了什麼？現在覺得怎麼樣？想哭、想發洩憤怒，請先處理，結束後再講。

3. 和他一起想，其他人可能有什麼感受？（當然苦主在下我的感受是一定要被看見的。）

4. 脈絡出來了，情緒被看見了，他打算怎麼做？（道歉、送禮物，或是自罰，請他發揮創意。）

5. 下次如何預防？其他人可以怎麼幫忙？

「醜爸，就算你這個方式好棒棒、好溫暖，但他下次又再犯，怎麼辦？」

你可以接受自己在一件事上犯幾次錯？你希望別人接受你犯幾次錯後，才懲罰你？以這些答案為基準，放寬一些，也許就是我們可以承受的範圍吧。

但請記得，每一次面對無助、害怕被處罰的孩子時，先照顧自己的怒氣。要罰，也多帶點理性。

◆父母厭世語錄：不能處罰是要怎麼教小孩？都送給教養專家教好了！

◆醜爸勸世良言：你的教養目標是什麼？處罰可以幫助你達成目標？我們願意給孩子幾次機會練習？給不了、受不了時，再罰也不遲！

手足論I：手心手背都是肉？

「手心手背都是肉啊，為娘／爹的怎麼會偏心呢？」

時代古裝大劇必備台詞之一，小時候看電視時，這句話一出，婆媽們即此起彼落支持或狠批各自喜愛或厭惡的角色。

喜歡的角色老是被冤枉、孩子不知感激，不愛的咖一定包藏禍心，偏愛某個小孩，導致家破人亡。偏心這劇碼，總是能勾起照顧者最深層的共鳴，及最隱晦的恐懼。

偏心是個假議題

然而，我始終覺得偏心是個假議題。人與人間本就懷抱獨特的情感，難以衡量，無法比較，卻因為「行為上」，父母「看起來」對特定小孩表現出多點愛，讓其他小孩感覺被冷落、甚至錯誤對待。

「醜爸我跟你說，我爸媽真的非常偏心，買回來的東西一定有大小分，處理同樣的過錯一定有大小眼！」

聽起來也許像玩文字遊戲，但此種非常明顯的差別待遇，像是直接把孩子分成不同種類，父母只是依照種類的使用手冊進行教養。例如傳統的男尊女卑，男孩跟女孩本就是不同種的孩子，父母一點都不會覺得自己偏愛誰；要說有，也是男孩跟男孩、女孩跟女孩比較。

我們在說的偏心，是有意無意間，或情緒滿溢時的教養互動，而非「對孩子的愛有多有少」。被視為偏心行為的來源，可能是父母自身成長過程的影響，或某位孩子的情況讓父母耗費大量心力，容易將情緒發洩在與他相關的事物上，以至於讓人有種「嗯，對他這麼兇，這位媽媽真偏心」的觀感，並非源自有偏差的愛。父母對每位孩子的愛都不同，愛的表現各異。

一樣的愛，不同的表現方式

從第一個孩子出生以來，每天把屎把尿、煮飯洗衣、刷牙洗澡、遊戲陪玩、半夜待命，我很幸運有機會跟三個孩子都建立很深的連結，細細體會他們性格裡的每個小細節：

老大跟我一個樣，對她的「點」卻也最無奈（因為跟自己太像啊）；老二像是派來修正我眾多不合理期待的馴父師，雖然氣得體內翻騰，但總提醒我最關鍵的親子之道；老三最撒嬌，只是為了在姊兄跟前有更多話語權，脾氣發起來真是威震寰宇。

三個孩子，心裡，一樣的愛；行為態度上，卻有不同的表達。

就拿「手」來舉例：手之於日常生活如此重要，照顧起來要用心準備。手心手背各不相同，手心常洗易富貴，乳液有空多塗抹；手背風吹日曬易乾裂，用油如凡士林才夠力……啊，乳液要油一點還是香一點？會不會過敏，有沒有刺激？手背也要擦點防曬，何不來瓶雙效合一？不同的部位有相異的照顧方式，把防曬油擦在手心說不過去，如果你都是手背騎車、手心向上，只能服你。

愛的表現各異，也是照顧父母自己

有人說孩子很無辜，因為不能選父母；但父母也很想吶喊：「我們也不能挑孩子啊！」有些孩子天性氣質不好帶，日積月累父母傷心傷神；有的孩子學習過程崎嶇，彼此無助無力。親子皆挫折感滿載，以彼此為最安全發洩目標，卻得到心碎的下場。

不怪孩子，也非父母之罪，但事實很礙眼地直指：父母有資源、有權力，還有拳頭，孩子生了就要負責再負責，打落牙齒和血吞。這些都曉得，也盡力在實踐，但有時累了、倦了，總想挑簡單的活做，找輕鬆的孩子靠近。

說到底，也許所謂的「偏心」，只是適者生存的道理？

我們愛的樣貌不同，也許是為了適應不同孩子的脾性，或是讓自己更有餘力，卻都非戰之罪，更不是精心計畫的犯罪冒險，比較像是一種存在的事實，無法解釋，也無從辯解。也許放下這個無從深究的假議題，相信自己，盡力日夜照顧手心、呵護另一頭的手背。

如果你真覺得我偏心

我們大人在這說到口乾舌燥，但手心手背一不一樣，孩子有自己的打算。父母因無法接受孩子尖銳的控訴，卯起來拚命說服，反而弄巧成拙，欲蓋彌彰。

覺得父母偏心有時是情感投射的結果，孩子可能因自己的困境而需要找個出口，不見得是絕情換你真心。例如，弟弟怎麼樣都無法表現得比哥哥出色，對自己失望之餘，轉而指責媽媽偏心，在心理上可以達到某種補償。

父母當然可以用行動與誠意，讓孩子了解我們的真情意，但若一時半刻不果，逼迫孩子表面配合，並不是好主意。如果吞不下去這苦，可以理解，但我相信孩子終有明白的一天（雖然看似遙遙無期），也請父母相信自己已經盡力。

親愛的孩子啊，若真覺得媽媽爸爸偏心，請相信：

不是你們的問題，未為人父母，不懂父母心很合理；許多爸媽過去仍是孩子時，也覺得父母好壞、很偏心。

如果偏心是真，是我們的不足，後果自負；如果是假，這個黑鍋，還有能力揹。

但請你們，要相信、要愛自己；別人不喜歡你，就算是父母親，只是倒楣，不是注定。

請相信，你們都是最值得被愛的，手背與手心。

◆父母厭世語錄：有的像前世情人，有的疼不入心，當個公平無私的父母，好難！

◆醜爸勸世良言：接納你趨易避難的人性，卻千萬別否定對每個孩子毫無二心的愛意。孩子也許不滿意，我們仍可無愧於心，做好每日的自己。

手足論II：人家在吃麵，你在喊燙？

手足衝突是很多家庭的雷，一踩就爆；尤其當事人都是自己的孩子，處理起來格外棘手，不是釐清是非對錯、賞罰公正分明，就可以解決的。

有些家庭的孩子每日必吵，吵就出手，出手即哭，父母疲於奔命，公親變事主，結果自己和孩子吵了起來，椎心程度難以向外人道。

「等等，公親變事主？」

嘿啊，他們雖吵得火熱，但仍是他們的事（又不是跟我們吵），畢竟人不是你打的，橡皮擦也不是你搶了不還。只是有時小孩跑來告狀，或父母受不了入場干預，才變成事主。當然，我們仍有責任善盡教養職責，而非袖手旁觀，只是關於他人的事（即使是自己的小孩），界線如何取捨？手足感情好是應該的，不好則父母有責任讓他們加溫？

手足天生愛競爭

請先告訴自己，手足間愛與競爭是一體兩面。孩子們彼此相愛，卻因選擇有限，勢必互相競爭。

孩子一起玩、攜手探索世界，但大多數時間同處在一個幾十坪的空間，和固定的幾個人互動。當選擇、資源有限，競爭、衝突難免。

例如，從早到晚只有一個娘在照顧兩個孩子，孩子們當然要各憑本事，吸引阿木的注意。這不僅是「討愛」，生物的本能正悄悄提醒孩子，得不到母親注意力，影響的是生存，不只是奇檬子。

另外像是手足間的模仿，也都是種確保自己「你有我也有」的競爭行為，確保自己在生存遊戲中不會落敗。

但在父母眼中，競爭行為大多在道德品行的框架下解讀，較少兒童認知、社會發展相關知識的注解，因此經常被視為「不當行為」。

天性的競爭不是藉口，孩子仍須受到照顧者的約束，但統稱這些為不當行為，單純用「管教」意圖改變孩子，孩子在不被理解下，將反過來相信是因為「你偏心才處罰我」，因為「他（手足）的關係才害我被罰」。這時要用鋪天蓋地的道理，說服孩子「手心手背都是肉」，即容易換來孩子孩子「才怪，是手心肉多，手背剩皮」的尖銳控訴了。

陪伴他們相處

因我相信手足間競爭的必然性，及他們主要是透過「相處」而非血緣建立關係，所以在教孩子時，盡可能不用「多的」道德品格框架來要求他們。

什麼是「多的」？包括但不限於：大的要讓小的；小的要聽大的；你

們要幫自己人；兄弟姊妹要相親相愛。

「禮讓」「聽話／尊重」「幫忙」「相親相愛」都是道德品格中需要被提出並學習的（我承認小孩聽話有時真的很重要，尤其當他X的又病又累又有幾個小孩時），而不會因為「你們是兄弟姊妹」有任何不同。沒有小孩要因為是誰的妹妹、姊姊、哥哥、弟弟，就特別被要求做到某種崇高的道德標準。

這樣我的任務很清楚，即是「和他們一起學習如何相處」。因為相信競爭的必然性，咱家的手足教養原則第一條為「合作的好處」。

我常把競爭跟合作的各種面向攤給孩子看，讓他們選擇。例如你今天擁有多看電視的特權，可以讓其他人跟你一起看，同樂笑鬧；或是自己看，有點無聊，但也滿爽的。孩子有了選擇，自然不須擺出姿態對抗。時間拉長，孩子都經歷了「選擇—合作—競爭」的各式組合，日漸發展出獨特的互動模式。

閒來無事、聚眾喇賽時，我會和他們聊如何理解別人的內心戲。

先從爸媽最近一次的暴走開始，盡量和卡通人物、繪本故事連結，帶他們看見父母在發什麼神經。氣氛安全了，再慢慢走進某位小孩最近發生的某事。目的不是為對錯定調，過程也聚焦在「他有什麼情緒」「做了什麼」「其他人有什麼反應」等等。只要發現孩子開始無法專注，態度轉趨笑鬧打岔，馬上切回喇賽頻道。

在每日的大部分時刻，我無力進行有頭有尾超感人專業對話。我很大方地放過自己，只要有一時半刻讓孩子有機會和其他手足連結，我心足矣。

不因衝突處罰孩子

我們家有賞有罰，不是因賞罰好棒棒，而是在快累到往生時，這方法最簡單迅速（請參閱本書〈準備好懲罰孩子了？〉）。但少數狀況我不處罰孩子，其中之一就是手足衝突。

原因有二：

醜官難斷醜家事：孩子的衝突跟夫妻吵架一樣，爭的通常不是當下，而是源遠流長的前塵舊事。今天我打你，是因為你撞我，但仔細推敲後，可能發現十分鐘、兩小時、甚至三天前的一個小衝突，才是肇因，或是埋下雙方怨氣的遠因。

而且在你沒看到時，他們不知已大戰幾十回，只是這一回太誇張被你介入，或有人拒絕再玩起身告狀。

既然有遠因，還有看不到的過招，要懲罰變成只能用大人自以為的邏輯找出對錯。問題是，我們是好父母，但不是好法官；孩子即使誠實又善良，但語言表達能力不佳，還沒律師幫忙陳訴己意。審判接著的懲罰，也許達成了表面的正義，例如先動手的被扣零用錢，卻也許又埋下另一次衝突的遠因。

自己的屁股自己擦：在手足衝突中，施行審判與懲罰，容易導致對立、對抗與不服氣，這與我想要他們練習「選擇—合作」的精神相牴觸。

每當孩子吵到我面前（或我衝到他們面前），每個人都有足夠時間說好說滿他的版本，說的時候其他人即使不認同也不能打岔；所有人都說完後，我會提出聽到的差異處，並問他們：「怎麼會不一樣？是有人忘了什麼？還是有人想補充？」

這時若氣消了，沒人想追究，我也就Let it go；如果情緒還在，但理出頭緒，他們自己須決定下一步怎麼做，無論和好還冷戰，都要自己負責。

「那孩子們都裝傻，怎麼辦？」我不會化身調查局利誘威脅，畢竟麵是他們在吃的，我會重申家中規矩：殘局要如何收拾？自己的屁股自己擦囉。

溫馨提醒：手足衝突有時是環境縮影，如果照顧者或其他同住長輩對孩子有明顯差別待遇，或是家庭規矩有利於特定孩子，期待孩子自己解決衝突，便不實際。如何面對小孩間的愛恨情仇，仍須考量現實生活環境。

傷心的孩子，在乎你的全心全意

我相信手足間的衝突無限，父母沒看到的，遠多於看到的，所以我把時間放在和他們學習如何合作，讓彼此都能過得開心點。因此當他們來告狀，或梨花帶淚飛奔而來，我知道他們最在乎的不是要給對方好看，而是想要擁有父母全心全意的關注。

也許只有短短一分鐘，我不審判懲罰，也不解決問題，只是抱抱他們，告訴他們我看見、也很在乎他的傷心。

停留一下，注視著孩子，讓他感受到「我是認真的」，接著問：「需要爸爸為你做什麼嗎？」通常不需要，因為他們已經得到力量，又可以跟手足大戰幾十回合了（暈）。

你們在吃麵，我只能喊燙，因為手足之情的五味雜陳，要你們自己品嘗。

◆父母厭世語錄：每天都在吵，盡心盡力幫他們解決問題，結果都說我偏心！情何以堪！

◆醜爸勸世良言：拿掉「兄弟姊妹一定要相親相愛」的框架，讓手足有機會找到彼此最適當的距離。手足間勢必競爭，衝突並非不當行為，給他們練習處理關係的機會，是我們最貼心的介入。

髒話垃圾話說好說滿的厭世父母人蔘

「天天開心、天天開心……」（電視聲）

「X！哩洗ㄌㄟ工撒小，挖丟嘎哩共……」（阿公講電話聲）

「阮的笑虧是滿倉庫……」（電視聲）

「靠腰阿！那嘸島油？」（阿嬤炒菜聲）

「公帶孫、爸帶子、尪帶某……」（電視聲）

「哩已摳懶覺啦！」（阿公講電話聲）

說真的，小時候在家，髒話、隱私處滿天飛，甚為無感；或說，對長輩而言，這個「髒」字太沉重，甚至連「粗話」都太過。成天聽大人X來

X去，懶覺、懶趴、懶魯拉、懶懶無絕期，要不是上小學才被諄諄告誡那是「校內禁止」、促進親人溝通但老師中風的民間用語，我以為逢人靠腰是種真正親切的問候。

國中根本是髒話訓練營，高中時X字就像上下引號般無所不在，例如：

「陳其正，放學去統帥挑一桿啦。」（↓正常說話版。）

「X，陳其正，放學去統帥挑一桿啦，X！」（↓高中男生無話不髒版。）

上了大學，出了社會，其實只是看場合的能力更銳利了，並無增加任何對髒話的反省能力。

講髒話有什麼不好？說得慷慨激昂、氣宇軒昂、雄糾糾、氣昂昂，正港台灣男子漢不就如此？

但故事總在成為父母後，急轉直下。

我的孩子可以說髒話？

如前所述，我生長在發語詞充盈的家庭裡，我們家老大、老二在小一、小二左右，也開始詞彙豐富了起來，但只要他們有「在家裡要偷偷講」的在家在校不同之一語兩制概念，我也就睜隻眼閉隻眼。

這樣相安無事維持現狀，一直到當時念大班的老三有模有樣學起來時，才驚覺：「誰說我不在乎？」

驚嚇之餘，還是要看看內在發生什麼事，否則一直受驚，對身體也不太好。經過幾番「驚嚇→穩定→整理內在」的步驟後，歸納出以下「我對髒話的觀點」：

1. 為什麼講髒話？髒話是種次文化語言，講一樣的髒話有種認同感。
2. 講髒話會讓不講的人覺得「你好敢」，對你投以嫌惡、敬佩、不知所措參雜的眼神。

3.因為小孩講髒話通常是被禁止的，講出來會有種「長大了」的感覺，也會得到同儕認同。

4.即使同儕不認同，也會有種「『你們的不認同』讓我覺得自己好特別」的自我認同。

5.為什麼禁止還要講？就人性啊，禁止就不講反而有點落漆。

6.髒話本身有攻擊、歧視意味，從孩子口中冒出來，真有點不舒服。孩子即使了解那些攻擊與歧視，也會更因為這層了解，而在生氣時使用。

7.生氣時講髒話，就像吃火鍋配沙茶醬、烤香腸啃大蒜一樣理所當然，會覺得自己站在正義頂峰，睥睨那些惹我不開心的蠢蛋。

當然，我們可以和孩子一起找到其他各種獲得認同感的方法，比方說如何優雅地引起他人注意，及生氣時除了攻擊人的替代方案，髒話是可以不要講的。但反過來，我也無法認定「講髒話」代表一個人心術不正、品行乖戾，非得禁止不可。

既然如此，我擬定了咱家的「講髒話守則」如下：

1. 髒話裡有很多汙辱人跟其親人的字眼，你不會想聽別人跟你那樣說，所以我們自己也要克制。

2. 如果你非常生氣而講髒話，一時很爽，但不會讓自己開心，甚至引發對方報復，這樣的話，一定非講不可？還可以怎麼做？

3. 老實說，你喜歡、想成為一個滿嘴髒話的人嗎？有時控制不了脫口而出沒關係，但要留意自己是不是為了得到注意而太誇張。

4. 有時講髒話是好玩，但請確定對方也一樣覺得好玩。

5. 如果身邊有人不喜歡聽到髒話，希望你可以為了尊重他而克制自己。

6. 講之前想清楚，會不會招惹麻煩？惹到了就好自為之吧。

第五點是很多家庭的底線，畢竟我們無法化身小蜜蜂，整天跟在小孩身旁監視，只能接受他們在外有說髒話的可能。但如果你從小生活在沒有髒話的環境，你聽到那些字眼就會全身不舒服，那麼要求孩子在你或其他無法接受的人身邊適可而止，是很重要的。

醜爸，你在家會說髒話嗎？

會！爆炸、生氣、挫折、失望、疲累時，罵給自己聽，孩子聽到還會說：「吼～把拔罵髒話。」

人在厭世時，當然會效法阿公阿嬤的風範（阿公阿嬤躺著也中槍，阿孫自己掌嘴去）。這當然是玩笑話，但老實說，雖然可以找出「說髒話」的不好、不合理、不能接受之處，但我並不打算為任何人（包括孩子）而要求自己不說。

「唉唷，上梁不正下梁歪，難怪你孩子會說！」

若你視「說髒話」為絕對的道德錯誤，我尊重你的觀點。只是想和大家分享，有了孩子後，我下工夫探索自己說與不說的理由，慢慢刻意節制耍酷、特立獨行的成分，也更願意同理身邊許多人的不習慣，甚至厭惡。

語言是種習慣，但習慣可以改變。我接受自己在生命的不同階段，有其對應的角色與任務：成為父親、老師，我需要更注意自己用字遣詞背後的動機。年輕時無所謂，心無惡念即無畏人言，現在多了份思量，也是體貼。

我也經常回想童年生活，讓我不舒服的往往不是那些髒話，而是人與人間的惡意、頻頻壓抑卻無預警爆發的怒氣、不尊重界線自以為幽默的嘲諷。當遇到這些難受的事時，痛快罵上幾句髒話，反而才能抒壓又解悶。

另外，髒話是衝突時的助燃劑，不但增強攻擊氣勢，也陪伴心中的恐懼。髒話衝口而出時，父母若只緊咬著禮教不放，內心惶惶不安、小劇場不斷的孩子，有辦法放下武裝，正視自己口語上的不恰當嗎？

「說髒話」是親子對話很好的起點

這樣看來，「說髒話」反而是親子對話很好的開始：孩子在打鬧，還是真動了氣？話裡的髒字，是種成長的炫耀，還是呈現出被壓傷的心靈？說者無意，但聽者若一字一句刻進心裡，這樣的玩笑還是玩笑嗎？

除此之外，父母要先照顧自己的驚訝與困惑，例如：「我們家沒人會講，我們也從不看電視，老師也說，學校都沒人會說，這孩子是去哪學的？」也可能父母的原生家庭差異頗大，一個無所謂，一個氣翻天，孩子的成長歷程卻成為兩個原生家庭的價值衝突點。

說髒話不是大惡，且每個人聽到時，感受各有不同。也許我們可以放下教養的大旗，一家人好好說出自己聽到髒話時的感受，允許每個人可以自由地感受到有趣、新鮮、控制、生氣、害怕、困惑等，並學習彼此的界線，對自己的語言表達更有覺察力。這樣做，長久來看也許更有教育意義吧。

◆**父母厭世語錄：**上學專門學壞不學好，滿嘴髒話！

◆**醜爸勸世良言：**「講髒話」背後有很多成長的故事，不妨跟家人一起聊聊。

學才藝，想放棄，爸媽森七七？

警語：這篇文章是由從小沒學什麼才藝，至今連嘴砲都噴得二二六六的醜爸撰寫，若您心裡潛伏沛然莫禦的「愛拚才會贏」「我要和天一樣高」「現在不教以後該怎麼辦」情懷，建議略過此文。BUT，若現在只是在書店把玩此書，還是可以參閱其他篇章，挺一下醜爸的玻璃心。

這世代的孩子，尤其是都市小孩，從小學幾項才藝、體育運動，是人生基本菜色。

父母倒也不見得是望子女成龍鳳，更多的是希望孩子可以培養興趣；

或受「專家引用的兒童發展報告」影響，相信在孩子幾歲到幾歲間，給他學這個那個的話，體內小宇宙將獲得無限滋養，潛能百分百開發，父母對孩子就沒有任何愧對與遺憾。

但父母也同樣經歷小孩出爾反爾、半途而廢的草莓行為，例如直排輪還不會剎車，就要衝下坡，不給去，馬上倒地哭喊不要學了，馬麻壞壞。加上牽連到退費、接送問題、上學後的時間安排等大人世界的複雜因素，原本快樂學習的才藝課，卻經常是親子衝突的經典劇碼。

如果以為號稱親子專家如我，家中三小朋友才藝學習肯定輕鬆愉快，各個胸懷大志，越挫越勇，那這本書就白寫了（咦）。我們有時從善如流，偶爾連哄帶騙，「不要囉嗦，這學期給我上完」也是選項之一。也許是一次次的經驗，幫助我們整理對孩子的期待，雖然還是搞不清他們小腦袋瓜裡的盤算（或是什麼盤算都沒有），但我們盡量視每次學習都是再次認識孩子、也讓孩子體驗自己的獨特機會。

就從半途而廢說起吧。

孩子真的懂何謂「半途而廢」嗎？

先來想想這個成語。

當我們說一個人半途而廢時，是假設他知道「全途」是什麼。

例如一個馬拉松選手參加十公里賽事，跑到一半時發現拿名次沒機會，不如節省體力，也避免受傷，好參加下場賽事，決定中途退賽。

大三生決定報名研究所考試，補習班上課兩個月卻發現，好朋友們都準備先進職場，想了想，決定畢業當兵，不考了。

如果你同意上述是一般人認知的半途而廢，應該也會同意孩子（尤其是學齡前）其實不懂何謂半途而廢，因為他們不知道「全途」是啥樣子，也不清楚「完成全途」需要付出什麼代價。

即使父母解釋到口乾舌燥，但成年人除非親身體驗都無法理解的東西，對孩子而言更加不容易。孩子單純「喜歡」，就說「我想去上課」，不喜歡就說：「好無聊喔，我不要了。」本能、直接的反應，跟你我在嘗試大多數的新鮮事時一樣。

「真的因為嘗試後沒興趣就算了，但我最在意的是挫、折、忍、受、力！不能本來好好的，一遇到挫折就爆哭放棄吧！」

對一位小六前愛哭、動作遲鈍、不會騎腳踏車、功課勉強、上有鬼靈精哥哥的小胖子而言，挫折感如氧氣般如影隨形，就像任何你認識的愛哭、遲鈍、功課勉強的小胖子所經歷的一樣。因為曾經是那樣的小胖子，我相信培養孩子挫折忍受力最好的方法，是學習不害怕挫折。

孩子的挫折忍受力

諮詢時，我會和父母從三個面向觀察孩子的挫折忍受力：

1. 誘發挫折感的人事物。
2. 挫折中的情緒與行為。

3. 面對挫折後的再嘗試。

第一點是深入了解孩子是普遍而言缺乏挫折忍受力，還是針對特定人事物。例如媽媽帶去上足球課都沒事，爸爸陪課就梨花帶淚？第二，父母請嘗試區分是無法接受「孩子易因挫折而有情緒」，還是其實有情緒沒關係，但「情緒反應過大」，父母接不住？最後，也是許多家長最焦慮的點：遇到挫折後不逼他繼續努力，以後會不會變成媽寶、草莓族？

第一點請參考本書〈教養不一致，O不OK啊？〉，希望能引發一些想法；第二點關於如何面對孩子情緒，各色書籍已守候多時，只待大家翻閱。第三點「遇見挫折後的再嘗試」，我們需要先整理自己對「挫折」的想像。

在拙著《父母的第二次轉大人》中，花了些篇幅和大家分享「父母對孩子的期待」其實並不那麼單純直白，而是和父母自己的需求與焦慮有很大牽涉：

父母對孩子的期待通常是「不純的」，並依不純的期待，形塑出孩子的「理想樣貌」，忽略他們當下真實的反應與需求。

而我們面對孩子的挫折感也是。每個孩子因其獨特的個性與成長過程，面對不同人事物時出現的壓力反應不盡相同。例如，順從的孩子很快就學會用最快、最簡單的方法讓父母安心，他的動能來自「別讓媽媽／爸爸不開心」；競爭心強的孩子輸不得，雖然過程大呼小叫，但「想贏／不想輸給那種咖」的鬥志熊熊推動自己。

無論是什麼樣的孩子，不只有父母教給他們的人生價值觀，他們自己也有內建的生存系統。在缺乏理解自己的生存系統和大人的期待間，能如何順暢運作之前，父母即設定好「理想的挫折忍受力」，這本身對孩子可能就是最大的挫折來源。

我無意告訴各位如何培養孩子的挫折忍受力，因我相信這不是一個需要刻意栽培的能力。孩子從很小的時候，就在自己面對挫折，在他們有能力跟我們用語言溝通前，早就發展出獨特的方法。可惜的是，我們沒有謙虛地向他們學習（我舉手），反而很快搬出「如何培養挫折忍受力大法」，指責孩子這樣那樣，要他們那樣這樣，結果孩子遇到挫折時不但無法安心面對，還要處理父母躁亂的情緒，漫天狂舞「父母的期待」。

孩子遇到挫折時已經很X，但更X的是面對父母的玻璃心。你說，這麼可怕的挫折感，誰有辦法處理？就像你工作沒處理好已眼神死，但真正擔心的不是自己表現不好，而是要面對總經理辦公室裡的那個傢伙……這是否本末倒置，讓人感到缺乏「真正的」學習動機？

爸媽的挫折忍受力

我絕對不是個「擁有良好挫折忍受力」的範例，也很懶得在挫折後勵精圖治、越挫越勇什麼鬼的（遇到挫折不是應該裝死放空嗎？）。但醜爺醜嬤給了我愛的環境，和許多家庭相較起來，算頗尊重我的成長歷程，助我如今面對挫折時，只要專注在挫折本身，而非害怕隨之而來許多自己的、他人的情緒。

自己的、他人的情緒當然會隨之而來，但我們可以不需要害怕，不必怕「我是不是又要被罵了」「我是不是又要討好誰了」。

也許你已注意到，因為豐盈的愛與合理的尊重，你們家正在孕育或強化孩子面對挫折的能力。若真還想多做些什麼，可以試試看：

你小時候是如何面對挫折的？許多人批評、甚至厭惡自己小時候面對挫折的樣子（因為被大人貶得很低），現在看到小孩「像自己」，就不由自主地模仿起「當年把自己貶得很低的大人」，因為「雖然很痛，但這樣才能改掉這些壞習慣，以後你會感激我」，或是「看你那個死樣子（就是自己小時候的死樣子）就很不爽」。

被改造成功的孩子，無法釋放你厭惡的小時候的自己。你當然可以改造孩子，許他一個光明未來，只是他也會以為改造他的孩子，可以救贖自己。

如果小孩面對挫折的方式和你不一樣（無論過去或現在），是否跟伴侶一樣？如果都不一樣，也可以想想父母在你們小時候，用什麼方式陪伴你們面對挫折？現在的你們，願意做不一樣的選擇，冒個險，換個方式嗎？

你如何面對育兒教養帶來的挫折？如何面對孩子的挫折反應，和我們對育兒教養的觀點、信念是相呼應的。深入探索因孩子而出現的挫折感，將有助於陪伴孩子處理他們自己的。

學習才藝時出現的挫折感與想放棄、逃避的念頭，都是正常的。要勸、要逼、要罵、要嚇，都是選擇，只要切記孩子不是成就我們偉大的牲禮。自己的害怕與焦慮，請自己處理，更別讓自己成為孩子心中比挫折還要巨大的，恐懼。

◆父母厭世語錄：孩子學什麼都半途而廢，沒有意志力又玻璃心，以後怎麼辦？

◆醜爸勸世良言：孩子的人生經驗與認知發展，還不能幫助他們了解「全途」的模樣，很可能事後發現不如想像而放棄（但放棄不表示以後沒機會），我們不也經常半途而廢，只是沒人責備我們而已。我們希望孩子的意志力源自於自信與自愛，而非恐懼。父母不需要總是和顏悅色，但請勿偷渡自己的需求到陪伴裡，要孩子為你負責任。

分數這回事

討論「分數重不重要」也許是個假議題，或說，分數代表的是一種「評等」的機制。不同的評等方式有其功能，理解這些功能如何幫助孩子在教育現場生存，是我的任務。

因此，我最關注的是：孩子在這樣的機制中，有何優勢、劣勢？和這個機制交手的過程，會如何影響他的自我？我可以做些什麼？

不同的孩子有不同的對策，我的做法很可能不適合你，但無論做法為何，關鍵仍在：父母用什麼樣的心境看待分數？自己的心魔（無論求學經驗是順暢還崎嶇）是否仍潛伏著，在孩子分數不如預期時大舉反撲？真心

相信分數不重要，孩子會走出一片天？身邊靜悄悄時，能堅持原則，但群組中開始鼓吹有的沒的時，即心慌意亂？

先從整理我自己的求學經驗開始吧！

跌宕起伏，搖曳生趣？

論課業，小學的我幾乎都是中央伍為準，偶而向左看齊。由於兄弟倆景況差不多，雖然爸爸老是叨唸讀書很重要啦、才能賺大錢啊，成績太離譜，還不鞭數十驅之別院、繼續罰站，但我沒什麼「課業壓力」，就這樣一路晃到五年級。然而最後一次段考，神奇的事發生了，我摸到第三名！

「啊？好狗運吧？」家人、同學們半笑鬧說著，我也不以為意，畢竟知足常樂，結果這股「逆轉氣」延燒到六年級，我成了「全校前幾名」（雖然全年級不過五個班），還當了班長、模範生、自治市代表。這一切，老師同學爸媽開始習以為常，解釋成所謂的「大隻雞慢啼」。

但若以為雞能變鳳凰，那就太傻太天真，上國中後再次中央伍為準，且滿常在左邊苦苦掙扎。孰料到了國三，雞又啼了，跑到前十名，也考取第三志願。故事講到這，大概不難想像高中生涯仍舊歹戲拖棚，第三年文昌君上身、成績突飛猛進。

「這擺明是故意的吧？好驕傲喔，可以這樣一下子倒數、一下子前十名嗎？」我當然沒這種「刻意操弄成績」的本事，但循環了三次，一切歸因巧合也牽強，左思右想，人生總有些功課要我學習。

從求學經驗認識自己

多年來從上述起伏跌宕的經驗，我長了許多關於「自己」的知識，例如：

我進入新環境、團體時，需要頗長的適應期。觀察同學、老師、環境、潛規則，至少需要一個學期吧！除了因為體型，幾乎不曾在初加入一個團體時得到注意，甚至即使有近在眼前的機會，也悄然略過。

我對最後一里路興致缺缺。如果一件事可以好好完成前面的八〇%，最後的二〇%我便提不起勁。例如，一天讀四小時的書可以考第十名的話，很難說服我為了第五名再多花一小時。也許是競爭心不夠，可能怕輸，但當離頂峰還有一里路，卻要花上大把精氣神時，我通常選擇安於現狀。

我在拚輸贏中得不到快感。承上述，沒人喜歡輸，但站在最前頭也不是我的菜。也許，我的心靈在當時透過成績、排名擺盪的過程，試圖了解：贏帶給我什麼？輸了有什麼感覺？贏了之後會更想贏？輸就代表真的不如人？我是不想，還是不敢贏？甚至在高中時就發現，原來成績好真會麻雀變鳳凰，這真是很荒謬的事情！我就是我，成績進步是有沒有讀書而已，為何要用迥異的態度相處，難道成績好代表我「變好了」？

在大學及之後的職涯、研究所中，也持續印證上述「關於我的資訊」；我也從年輕時的「我就是這樣，沒辦法」，逐漸增加彈性，到現在可以有意識、覺察地嘗試展露不同面向，深入感受在不同情境中如何經驗自己。

我如何和孩子一起面對「分數」？

回到一開始提到的「孩子在這樣的機制中，有何優勢、劣勢？和這個機制交手的過程，會如何影響他的自我？我可以做些什麼？」，透過檢視自己的求學經驗，對於陪伴孩子面對分數，我秉持的大原則是「如何利用分數來定位自己」。

進入群體時，人很快會產生焦慮感，來源之一是種「定位自己」的需求。孩子也是，不僅在日常有形無形的競爭中建立成就感、自信心，也不斷試圖找出在團體中的定位。例如，有孩子以低姿態進入團體，並在競爭中小心嘗試建立人際關係；有些則總是霸氣十足，管你三七二十一，就是充足馬力得第一；還有的，總想躲得遠遠的，最好都當他是隱形人。

然而，慣常的自我期待與尋求定位的程序，終究會面臨「變化」。例如——永遠的第四名，因為第三名考試當天拉肚子導致失常，一躍成為第三名，嘗到「獎牌」的滋味難以忘懷，於是開始認真相信，機會是留給有準備的人，堅定意志每次都要全力以赴，絕不掉出前三；隱形人升上國中馬上抽高，還沒長痘，出眾外型帶來爆棚信心，分數高低對他人緣的影響難以預料；國小叱吒風雲的孩子，升學後持續漲停板，卻可能因為「臭屁」而和霸凌狹路相逢，反遭遇空前的適應不良。

定位、形象、他人評價，是孩子最在意的，分數在當中扮演很重要的角色，也是他們現實生活中無法選擇的必然。因分數而帶來的眼光與心境起伏，無論坡度高低，是我們和孩子一起認識、探索自己的絕佳良機。

小四上學期，我大女兒的學期成績是歷來最差的，我和她從班上那些她熟識且成績有進步、退步的同學，聊到每個人不同的學習曲線，也和她分享老爸自己的大幅度曲球求學人生。大女兒覺得班上有些男生變強了，成績都有進步，她就被擠下去。雖然她覺得這沒什麼不好，日子還是過得很開心，但她下學期會想試試看，能不能回到之前的名次，因為有獎品可拿。

因為有獎品可拿，爸爸覺得很可以。從領獎到乾瞪眼，滋味應該不好受，爸爸不多問，她自己知道就好。

無論你的求學經驗帶給你什麼信念，信念產出什麼原則，我們都要為自己的期待負責，不把自己的面子與過去的失落丟給孩子，進而在乎孩子的在乎，和他們一起經驗輸與贏的甘甜苦澀——人生可以輸得痛快，也能贏得謙卑。

如果孩子的分數高低和你的血壓起伏緊密相連，誠摯推薦《父母的第二次轉大人》（是可以這樣一直打自己的書嗎？），助你打通任督二脈、練就火眼金睛。若是家中其他照顧者無法認同，一味要求孩子考一百就跟喝水一樣簡單，請你先看見自己的失落，穩定浮動的情緒，陪伴孩子在心中找到一塊可以自我肯定的淨土，這也許比為孩子跟對方長期抗戰，更能幫助孩子學會如何滋養自己。

◆父母厭世語錄：到底分數重不重要？我們沒錢沒閒讓孩子念體制外、搞自學，分數可以不重要嗎？

◆醜爸勸世良言：分數對過去的你有什麼意義？是否一談到分數就有情緒和僵化的想法出現？孩子可以走出自己的路，還是要走你以為理想的路（無論你肯定或否定分數在團體中的功能）？你是用「社會賦予分數的意義」在要求孩子，還是和孩子一起探索「分數的高低能為他做些什麼」呢？

—結語—

當浩克不再亂砸時

綠巨人浩克，在漫威世界裡代表生理力量，巨大，卻也憤怒，不具備理性溝通能力。變身前的他——布魯斯．班納博士，卻是另一個極端：不起眼的身材，溫和且有點膽小，且是極度聰明、理性的科學家。

雖然故事情節是因為一場實驗失敗，導致班納在情緒失控時，會變身成綠巨人，但從心理分析的角度，浩克是班納「拒絕承認的人格面向」的完美呈現。

日常的班納不敢生氣，甚至顯得猶疑不決、無法做決定，在《復仇者聯盟》電影系列裡，成為傲慢外放的鋼鐵人——東尼．史塔克最愛「虧」

的對象。絕頂聰明的他也不贊成以暴力解決問題，熱愛環保與生命，於是這些班納「討厭、不想承認」的能力與特質，全落到浩克身上。當外星人來襲，浩克出場，所向無敵，把外星人砸個稀爛，但得在他把好人跟好東西也砸爛之前，恢復成班納。

回神的班納，什麼都記不得。他無法記得成為討厭的自己時，做過什麼事。

班納與浩克的和解之旅

「溫和聰明班納」與「憤怒強大浩克」的合作，一開始獲得極大成功，但隨著浩克越來越不甘只是「呼之則來、揮之則去的小老弟」，每次要打壞人才能出場，他開始拒絕聽從班納的命令。

這個抗命劇碼在《復仇者聯盟三》達到高峰，在班納、甚至全世界都需要浩克大顯神威之時，他決定聽從自己的心意，拒絕再戰。

徹底失敗的班納，終於明瞭浩克跟他是平起平坐的，是完整人格不可或缺的一部分。過去的貶低與壓抑傷害了浩克，也擊倒了自己。電影沒有告訴我們詳細的和解過程，但在《復仇者聯盟四》裡，我們見證「互相接納」的班納與浩克——揉合綠巨人的力量、班納的頭腦，形成一個完整的人。

這趟旅程對兩人都是危險的：接受浩克，班納可能變得暴力、衝動；接受班納，浩克要冒著變弱、膽小的風險。但在電影中我們看見，合體後的他們，是最有自信、也最有力量的，要說救了世界的人是他，一點都不為過。

與自己的和解之旅

親愛的朋友，你是否像班納一樣，把一部分的自己貼上「不受歡迎」的標籤，只有在某些特殊時刻才能見人（見了人又後悔不已），其餘時間都是裝箱封藏？是否也要求孩子做一樣的練習，把自己分門別類，做好管理？

例如，人可以生氣嗎？生氣時可以表達嗎？還是應該找到絕佳理由，才能發出正義的怒吼？當我們接納自己是可以生氣的，我們覺察到情緒波動時，不會視而不見，反而對自己產生好奇：「我怎麼了？因為對方的行為有惡意？還是我累了需要休息？」如果一開始就不接納，則會持續忍耐；忍耐再忍耐，但知道有個機會可以不須再忍，例如孩子犯了你知我知的錯誤時，就會義無反顧，怒髮衝冠。

但你知道，自己其實沒有那麼生氣，孩子沒有那麼糟糕，只是生氣這東西太討厭，巴不得這輩子都不會生氣，恨不得忘記每次自己生氣的樣子，以及孩子看著你生氣的樣子。

和解，不是什麼大工程，就是接納自己的每個面向。

不用喜歡，只要認識每個部分的自己，還它們清白，幫它們在心裡找個能被注意到的位置。當它們出現、引起你的注意時，例如憤怒，可以告訴自己：「我的憤怒出現了！它出現是想要幫我什麼？讓孩子不要做出討厭的行為？給我一個可以發洩今天累積情緒的理由？」情緒被看見，就失去無止境脹大的理由，它被你接受了，完成了功能，可以回到屬於它的位置。

你的溫和且堅定，每一餐確保孩子營養均衡，孩子睡滿睡飽，作業無一日漏交，老師稱讚到不行，都可以是你為孩子預備最好的資源；同樣的，接受自己每日的無能為力，工作與家庭無法日日兼顧，偶爾爆走問候孩子祖宗十八代（也就是你的十七代），你還是夠好的母親與父親。

成為父母，不是搬到平行宇宙，只為克盡教養職責；成為父母，給我們機會用現有的資源，和孩子一起真誠體驗人生百味。完美的父母不會帶給孩子完美，接納自己完整性的你，卻有機會讓孩子體驗到完整的自己。

與自己和解了，孩子也不用學我們藏東藏西，能自由運用不同面向、在多元情境和人相處，勇敢面對人生的每個選擇，為自己負責。

這就是教養吧。

國家圖書館出版品預行編目資料

教養不必糾結於最理想方式：放過自己，也放心讓孩子飛的解放之書 / 陳其正作. -- 初版. -- 臺北市：方智, 2020.03
272 面；14.8×20.8公分 --（自信人生；162）

ISBN 978-986-175-547-2（平裝）
1.育兒 2.親職教育
428.8 109000341

Eurasian Publishing Group
圓神出版事業機構
用心與你對話．視野無限寬廣
方智出版社
Fine Press

www.booklife.com.tw
reader@mail.eurasian.com.tw

自信人生 162

教養不必糾結於最理想方式

放過自己，也放心讓孩子飛的解放之書

作　　者／陳其正（醜爸）
發 行 人／簡志忠
出 版 者／方智出版社股份有限公司
地　　址／台北市南京東路四段50號6樓之1
電　　話／（02）2579-6600．2579-8800．2570-3939
傳　　真／（02）2579-0338．2577-3220．2570-3636
總 編 輯／陳秋月
副總編輯／賴良珠
主　　編／黃淑雲
責任編輯／陳孟君
校　　對／黃淑雲．陳孟君
美術編輯／李家宜
行銷企畫／詹怡慧．朱智琳
印務統籌／劉鳳剛．高榮祥
監　　印／高榮祥
排　　版／莊寶鈴
經 銷 商／叩應股份有限公司
郵撥帳號／18707239
法律顧問／圓神出版事業機構法律顧問　蕭雄淋律師
印　　刷／祥峰印刷廠
2020年3月　初版

定價 300 元　ISBN 978-986-175-547-2

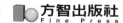